小吃货美食绘

品阅 ●主编

黯然销魂
好羹汤

U0257467

农村读物出版社

图书在版编目（CIP）数据

黯然销魂好羹汤 / 品阅主编. — 北京：
农村读物出版社，2013.12
　　（小吃货美食绘）
　　ISBN 978-7-5048-5742-2

　　Ⅰ.①黯… Ⅱ.①品… Ⅲ.①汤菜－菜谱
Ⅳ.①TS972.122

　　中国版本图书馆CIP数据核字(2014)第215484号

策划编辑　李　梅
责任编辑　李　梅
出　　版　农村读物出版社　（北京市朝阳区麦子店街18号楼　100125）
发　　行　新华书店北京发行所
印　　刷　北京中科印刷有限公司
开　　本　880mm×1230mm　1/32
印　　张　6.5
字　　数　215千
版　　次　2015年9月第1版　2015年9月北京第1次印刷
定　　价　35.00元

（凡本版图书出现印刷、装订错误，请向出版社发行部调换）

本书使用说明

本书分四章

每道汤中有

菜名、材料、工具

做法和小提示

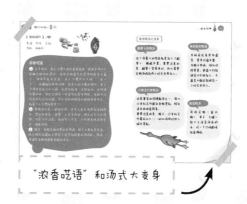

"浓香呓语"和汤式大变身

1

绝世经典，
老火慢炖，有情有爱

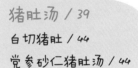

2

莫道不销魂

快速简便，好喝不贵

3

甜甜蜜蜜
日子有苦有乐，
汤里有甜有咸

4

偶尔露峥嵘

不是中国汤，
偶尔可以有

1 绝世经典

老火慢炖，有情有爱

鸡汤&滋补鸡汤

只要鸡肉新鲜，鸡汤很难做得不好喝，但鸡汤完全可以更好喝~

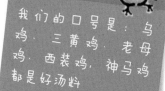

我们的口号是：乌鸡、三黄鸡、老母鸡、西装鸡，神马鸡都是好汤料

很久很久以前（大概40多年前），日本人发明的"味之素"——就是味精，在中国用了"清水变鸡汤"的广告语，引得当时肚子素素的中国人听着就流口水，之后又有了"鸡精"。现在"心灵鸡汤"泛滥，味精早就受到质疑，但我们对鸡汤的共识无法改变——好喝、营养！鸡汤啊~就等于鲜美的汤水。

现宰杀的鸡最好放在冰箱里冷藏或冷冻几小时，相当于排酸过程，之后再做汤更好

妙手浓汤

【材料】

鸡1只，厚姜4片，葱1段，料酒汤勺，盐

【工具】

砂锅，或者电炖锅、炒锅、高压锅

做法

① 净鸡处理好鸡尖、鸡脖，最好头、爪不留，洗干净，切块或不切块，控水

老母鸡、西装鸡脂肪很多，不喜欢太油就提前去掉鸡肚子里的脂肪和鸡皮、皮下脂肪。也可以事后补救，汤做好后撇去油。

② 水烧开，鸡放入，煮烫两三分钟，冲净泡沫

如果不先烫一下也没关系，出泡沫随时撇去也可，只是显得汤不够清爽~

③ 鸡放进砂锅，放水，一次加
足，葱、姜、料酒加入，大
火煮开，小火炖烂。

💙 闻到香味了吗？炖鸡汤的时
间，西装鸡1小时左右，散养鸡2
小时左右，老母鸡时间更长些。

④ 停火前按自己的口味放
盐，盐溶化滚匀后关火。

💙 汤的去脂奇招：先沿锅边用
汤勺撇去油，剩余的油用保鲜
膜贴在汤面上，揭开时就连油
一起沾走，反复几次可以把油
全去掉。试试~奇效！

💙 鸡尖，也就是鸡屁屁，不仅味道重，而且是鸡
体内淋巴集中的地方，聚集很多毒素~鸡尖里有两个
对称生长的椭圆豆子样的东西必须清除，此外看你
能容忍多少了~

滋补鸡汤

滋补鸡汤只是按照个人需求，在炖鸡时加入其他食材和中药。

鸡汤本身有特别诱人的香味，不添加其他材料就已经很鲜美。

但由于鸡汤滋补，所以鸡汤更多的情况下会和其他食材一起炖，提升鸡汤的综合滋补功效。

如果放中药料，不要用铁锅，陶瓷、不锈钢锅都可以。

【销魂伴侣】~💝

红枣、桂圆、山药、百合、各种蘑菇、竹笋、薏米、枸杞、西洋参、党参、当归、黄芪、茯神、白术等

鸡脖如果保留，要清除鸡脖部位的皮和皮下组织

浓香呓语

如果放入中药，一定要少放为好，尤其是当归、黄芪等味道较重的中药，否则鸡汤变药汤。滋补重在细水长流~

关于营养：吃肉喝汤是硬道理！原因嘛，汤里溶解的物质毕竟有限。

关于香气：N只鸡比1只鸡炖汤香，不掀锅盖比老掀锅盖更香，不用猛料（花椒大料等）更自然醇香，砂锅慢炖比高压锅快炖更香。最后，炖鸡汤，鸡精就省了吧~

滋补鸡汤 开始炖鸡时，除了放姜片外，加入黄芪、当归各1片、党参1小根、枸杞1小勺、红枣、桂圆3各个、山药1片（也可以用新鲜的，切块，稍后放入）炖煮。

滋补鸡汤 2. 开始炖鸡时，除了姜片外，加入山药、白术、薏米、红枣各少量炖煮。

老鸭汤

妙手浓汤

工具

砂锅、电炖锅等

南京的盐水鸭、江苏福建等地的板鸭、上海杭州等地的酱鸭、四川的樟茶鸭、北京的烤鸭……鸭子可是人们桌上的常见美味，各地特色鸭肴都独具风味。

鸭肉味道鲜美、肥嫩，但做汤时人们却不约而同地选择老鸭，这是为何？民谚说"嫩鸭湿毒，老鸭滋阴"，老鸭滋阴益血，养胃生津、清热健脾，难怪各地都喜欢夏季用鸭煲汤。鸭的做法和配料各地自有偏好，如重庆爱用酸萝卜去腥去腻；广东等地爱用沙参、玉竹等增加滋阴功效；安徽等地则加入茶树菇等菌菇与鸭子一起烹制，使其香气滋味更胜一筹。

闲话少说，现在我们就开始动手制作一锅香浓味美的鸭汤吧。

材料

老鸭1只，葱段·姜片·陈皮适量，盐适量，花雕1杯或2杯

做法

① 选只老鸭，去掉鸭尾、内脏、鸭头和鸭脖等部位，洗净控干。

♥ 选老鸭秘诀：摸鸭的气管，就是鸭喉，硬的是老鸭。如果不喜欢太油，处理鸭子时把鸭腹的皮和脂肪去掉一些。

② 将处理好的鸭子放入冷水中，加热至水微沸，汆烫两三分钟，捞起来用温热的水冲洗干净。

♥ 鸭子土腥味重，可以在清洗的时候用一些黄酒搓洗。

③ 砂锅或电锅里放水烧热，将烫洗干净的鸭子放入，再放入姜片、葱段、陈皮，倒入花雕。

④ 如果用砂锅，旺火烧开，转文火慢炖三小时，加盐调味。

【销魂伴侣】～

山药、酸萝卜、玉竹、沙参、笋干、薏仁、冬瓜、红枣、枸杞、桂圆、黑木耳、香菇、笋干

【 美味调料 】

黄酒、陈皮、花椒、
泡椒、胡椒粉

浓香呓语

1. 关于焯水，有人习惯不焯水直接炖煮，炖煮中可以不断撇去锅边的渣沫，这样各种香气和营养物质流失最少，但汤可能有点混；有人习惯开水下锅，"紧一下"，去腥味和其他污物，这是比较中庸的做法；有人习惯把食材冷水入锅，加热到微沸，去除血污，这样焯水最彻底，但也会损失一些香气和营养物质。各种方法没有原则上的对错，可以视肉的种类和新鲜程度而定，都看个人习惯和感觉了~

2. 老鸭汤本是一道滋补汤，许多人爱在汤里加各种药材，譬如加黄芪、桂圆、人参等药材，使之成为大补汤药。但是千万注意，药材宁少不多，不可将美味浓汤变作一锅苦汤药。

3. 像鸡、老鸭等炖汤要的是原味，鸭子本身就有异香，所以做好去腥的工作后不宜添加味重的调味料。陈皮、黄酒是老鸭汤增香去腻的法宝。

香浓鸭汤之流变

酸萝卜老鸭汤

这个汤最大的特色就是加入了酸萝卜，解腻开胃。需要注意的是，酸萝卜容易煮烂，所以需要在鸭汤炖制两小时左右再加入。

茶树菇老鸭汤

茶树菇或者其他菌类，营养价值丰富，与鸭子同炖，滋补功效更甚。鲜菌大约起锅前20分钟加入，干菌类大概在起锅前一小时左右放入。

沙参玉竹老鸭汤

这是粤菜的招牌靓汤之一，用北沙参和玉竹配合老鸭煲制，特别适合病体虚弱者。

需要注意的是，鸭子、沙参和玉竹最好以10：1：1的比例同时放入锅中煲制。

桂花鸭汤

用桂花鸭（盐水鸭）、笋干、火腿一起大火滚至汤色奶白，试一下口味酌情加盐调味。

大骨汤

妙手浓汤

　　南北方对大骨汤的定义不一样，东北人总是一大锅棒骨，酱色的汤配上金黄的老玉米；而南方的汤则很清淡，上面漂着几根豆苗或者几粒小葱，汤色奶白。下面这种清淡的奶白色骨汤可谓大骨汤的最基础步骤，学会基础大骨汤，就可以随心所欲地往里头添加自己想要的各种材料了。

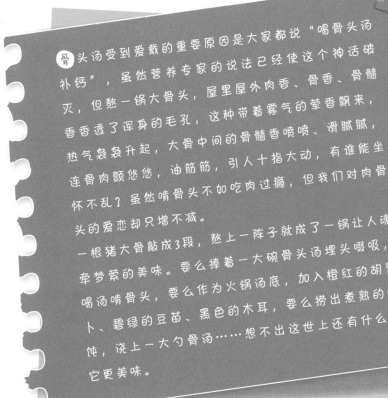

骨头汤受到爱戴的重要原因是大家都说"喝骨头汤补钙"，虽然营养专家的说法已经使这个神话破灭，但熬一锅大骨头，屋里屋外肉香、骨香、骨髓香香透了浑身的毛孔，这种带着雾气的荤香飘来，热气袅袅升起，大骨中间的骨髓香喷喷、滑腻腻，连骨肉颤悠悠，油筋筋，引人十指大动，有谁能坐怀不乱？虽然啃骨头不如吃肉过瘾，但我们对肉骨头的爱恋却只增不减。

一根猪大骨敲成3段，熬上一阵子就成了一锅让人魂牵梦萦的美味。要么捧着一大碗骨头汤埋头啜吸，喝汤啃骨头，要么作为火锅汤底，加入橙红的胡萝卜、碧绿的豆苗、黑色的木耳，要么捞出煮熟的馄饨，浇上一大勺骨汤……想不出这世上还有什么比它更美味。

做骨头汤现在已经成了最容易的事情，因为不用把大棒骨拿回家的路上还要想着怎么把它砸断露出骨髓，一般商贩都会按你的要求把大骨砍开，帅帅的很轻松~剩下的事就容易了。

材料

大棒骨2根, 蔥1根生姜5大片, 2勺料酒, 山楂2个或者醋少许

工具

砂锅、炖锅、高压锅

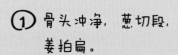

做法

① 骨头冲净, 蔥切段, 姜拍扁。

② 冷水入锅，放够量，放入骨头、葱、姜、大火烧煮。
水开后，把浮沫撇去，放1勺醋，稍小火滚煮30分钟，如
果喝比较清爽的，可以关火了。关火前加盐

　　💗　一锅浓香的骨头汤就这样做成了，下功夫的主要是火，简直太省
事了

③ 继续小火炖两三个小时，炖到
肉脱骨，汤会比较浓香。

　　💗骨汤怎么用？用处多多！！
可以和"销魂伴侣"结合成一道道令
人爱不释口的好汤~
可以放凉，倒进小食品袋，冷冻，等
你需要高汤时，迅速地变出来~
骨汤加一点鸡精、盐，浇在煮好的手
擀面上，再放几片肘子肉、木耳，骨
汤拉面，你一定懂的~

【销魂伴侣】~

玉米、白萝卜、胡萝卜、藕、笋、冬瓜、海带、豆腐、豆芽、香菇、木耳、土豆、洋葱

大骨汤之流变

上面只是基础的大骨汤做法，作为吃货的我们，自然是不能就此满足。像黄豆大骨汤、大骨汤面、生菜大骨汤都是吃货们的所爱~

胡萝卜玉米大骨汤

这款汤色泽诱人，橙红的胡萝卜与黄色玉米相得益彰，口感清甜，是美女们的至爱。只要在开始炖大骨的时候直接加入胡萝卜、甜玉米粒就行了。胡萝卜、玉米甜滋滋的，汤也甜滋滋的。

海带大骨汤

这也是传统的骨头汤做法，骨头汤香浓，海带炖得烂烂的，吸饱了骨头汤的滋味，喝上一口，那感觉，美极了！海带不宜久炖，骨头汤做好后，按需舀出来炖海带就行了，别忘了加几块骨头。

浓香呓语

同样的材料，为什么大厨做出的汤浓香四溢，而有些生手做出的汤寡淡无味呢，除了诸如火候、材料下锅的时机等掌握不足外，还有一些小诀窍是生手们未能知晓的。

①. 骨汤补钙。专家说，只有用醋炖猪骨，才可能让钙质析出融入醋中。虽然如此，我们还是愿意相信骨汤补钙说！滴几滴醋，都说这样有助于骨头里的钙质易于被人体吸收。

②. 有的同学说，为什么别人的汤那么浓白，而我的却如此寡淡呢？当然，这也是有诀窍的。乳白的汤色主要来自油脂的乳化。有个实验不知同学们看过没有，在搅拌器高转速搅打下，水和油就变成了乳白的浓汤模样。所以，火稍大点，让汤滚起来，汤色会变乳白。同样道理的还有先用油煎一下而后加水滚至鱼肉熟烂，就成了乳白色鱼汤。当然，也可以这样：抓一小把米，用豆浆机打成米浆，随骨头一起下锅。这样出来的汤绝对色白香浓，还有淡淡的粮食香味。

③. 仍然可用保鲜膜吸油大法除去浮油，等汤稍凉点操作比较保险。

④. 喝骨头汤，连骨肉和骨髓决不能放过，想想那软糯的骨头肉，你舍得不吃吗？

牛肉汤

妙手浓汤——牛肉汤（清汤）

工具

砂锅或电炖锅

牛肉汤喝起来暖身又暖心，牛肉拉面、牛肉粉丝汤、红烧牛肉面和韩餐里的牛尾汤等好多种爆有人气的美食里，担当挑起滋味筋骨的大梁的，无不是牛肉汤，而牛肉只是点缀。那个整天在电视上打广告的泡面，不也是用暖暖的牛肉汤诱惑着人的味觉？但那种汤包怎么能比得上自家做的牛肉汤香浓美味呢？还是挽起袖子自己做牛肉汤吧，真的没那么难。而且，有了牛肉汤，就有了牛肉面，还有牛肉粉丝汤~

材料

牛肉500克、姜1块、葱1根、小茴香1小撮、丁香几颗、草果1个、盐适量

做法

① 牛肉洗净放入清水中浸泡一小时，泡出血水。

💗 可以整块炖，也可切成块，切块后制作更方便

② 将葱姜洗净，葱切段，姜拍松、切块，小茴香、丁香、草果用纱布包上。

💗 小茴香就是孜然啦~

③ 汤锅中倒入凉水，牛肉放入，大火烧开，撇去血沫，放入葱姜、纱布包，大火烧开，转小火，煮2小时。

④ 关火后拣去葱姜、纱布包，加
  盐调味。

💝 如果以用汤为主，一定要用个够
大的锅，水一次放够

牛肉汤（红）

炖肉时看汤色酌情加入一
些生抽和老抽，香料里可以加
上 1 颗八角、1 颗豆蔻、1 片桂
皮，几个红辣椒。

【销魂伴侣】～💛

洋葱、萝卜、胡萝
卜、土豆、南瓜、山
药、板栗、番茄。

浓香呓语

1. 牛肉块要切得稍微大一些。因为牛肉炖煮中收缩得比较厉害，炖肉的时候需要稍微大块一点，否则炖熟后肉块变肉粒。

2. 牛肉大致部位：牛腱中加像大理石花纹一样的筋纹，是酱牛肉的最佳部位；牛腿肉精瘦，纤维较粗；如果想肥瘦相间，就是牛腩；牛里脊细嫩，一般用来炒菜。买牛肉可以找个清真摊档，问问卖家买哪个部位的肉合适。

3. 记得放一点茶叶和山楂，这两样都能使牛肉快速煮烂，并且使肉味更加鲜美。

4. 炖煮牛肉时要一次性加足水，不要再添，否则肉汤味道会寡淡。另外，不要频繁揭盖，所谓"一揭三把火"，频繁揭盖子不仅使得锅中温度变化，而且肉中的芳香物质也会随着水汽蒸发散掉。

5. 炖汤料如果自己没太大把握，可以用超市买的炖牛肉料，可以用十三香，可以用五香料包。

牛肉汤之流变

番茄牛肉汤

番茄需要分成两份，一份切碎，放入锅中，用牛油煸炒成番茄酱，用滤网滤去渣滓，另一份切大块备用。牛肉还是同上一样焯水洗净，砂锅中放入番茄酱、洋葱丝、姜片和牛肉，倒入开水炖煮。番茄牛肉汤色泽红润、口感酸甜、营养开胃，是秋冬时节极好的滋补汤水。

辣泡菜牛肉汤

这个菜是朝鲜族人用来招待贵客的珍品，做法与上面略有区别，不过大同小异。还是同样处理牛肉，加水炖煮，八成熟时再将切好的辣白菜放入，一起炖煮。这道汤菜酸辣可口，十分开胃，伴着汤菜也能多吃下几碗白米饭呢。

南瓜牛肉汤

南瓜牛肉汤营养丰富、味道清甜，极为爽口滋润。因为南瓜易熟，所以要先按照上面的步骤将牛肉煮熟，炖煮1个半小时后，再加入切好的南瓜块同煮。到2个小时后关火，加盐调味。

羊肉汤

妙手浓汤

 工具

汤锅、砂锅

羊肉汤，这可是咱老祖宗暖身养身的好东西啊。白雪纷飞的冬日，看着外面北风卷地，喝碗热乎乎的羊汤，奔儿头微微冒汗，舒服的感觉随着热气从全身的毛孔里散发出来……可是雪花飘飘，要穿戴齐整再奔向某个喜欢的羊汤铺……不靠谱，还是自己做吧。

材料

羊肉块500克，葱、姜适量，枸杞一小把，红枣几个，盐、胡椒粉适量，白酒数滴

做法

① 将羊肉放入水中浸泡一个小时以上,泡去血水。

② 汤锅里放水,羊肉入锅,等水烧开,血沫浮起,撇去血沫,清洗羊肉块。

③ 砂锅里同时放入姜片、葱段,注入水,烧开。

④ 将洗净的羊肉块放入砂锅中，滴入白酒，大火烧开，转小火，慢炖2个小时。1个半小时后放入红枣。

⑤ 2小时后揭开锅盖，放入枸杞、胡椒粉，加盐调味，关火。盖上锅盖再焖5到10分钟即可。

【 销魂伴侣 】~♡♡

山药·萝卜·胡萝卜

浓香呓语

1. 选牛·羊肉时，挑干爽有光泽的买。

2. 如果觉得这样做的羊肉汤膻味重，除葱·姜外可以加入一些香料，如加入孜然·豆蔻·草果·肉蔻·砂仁·白芷·紫苏等，这样炖出的羊汤香气更浓郁。

3. 羊汤做好了再加入枸杞，稍微焖一下就行可，否则枸杞糊烂，汤色混浊发红。

羊肉汤之流变

白萝卜汤

做好的羊汤里放上切片的白萝卜，煮开后小火把萝卜炖得酥烂，出锅前撒点香菜末或青蒜末，特别好做，还特有效果。

猪肚汤

妙手浓汤

材料

猪肚1个、白胡椒粒1汤匙、
花生2把、姜4片

各种各样的羊下水都能炖出一锅诱人的羊杂汤，猪下水也不例外。不过猪下水炖汤更讲究些，各种内脏都有不同的做法和滋补专长，猪肚是一味、猪肝又是一味，各炖各的汤，各有各的补。

羊汤是北方常见汤，而猪肚和猪肝汤都是南方常见的汤水、粥羹原料，在粤菜中尤为常见。粤菜中典型的例汤——胡椒花生猪肚汤，这个汤最是健脾养胃，还能补血养血，体弱胃弱的同学们常给自己做做吧。

工具

炒锅焯水，砂锅煲汤，煲汤电锅也可

做法

① 猪肚放在盆里，多放盐或者淀粉或可乐，拼命揉搓。搓上一阵后用水冲洗。然后，将猪肚的里面翻过来，同样揉搓、冲洗。如此反复两三次。再倒入一两白酒使劲揉搓，之后冲洗。如此反复，直到猪肚干干净净，没有一点异味后方可。

② 将洗净的猪肚放入汤锅，倒入清水、姜片，大火煮开，再略煮两分钟，捞起。

③ 焯过水的猪肚表皮有一层白白的膜，用刀将这一层白膜仔细刮去，再用清水冲洗干净。

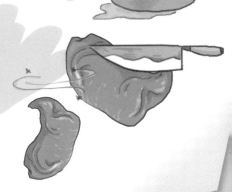

💜 味道是下水的特色，处理不干净做出来臭臭的，处理干净做出来香香的，一点马虎不得。

④ 另烧一锅水，将花生放入略煮，去掉生花生的生涩味。

⑤ 砂锅里放水，放入焯过水的花生、猪肚，胡椒拍碎加入，大火煮开后转最小的火，加盖煲煮2小时。喝时调味即可。吃猪肚时取出猪肚，改刀成条或丝，随意调味即可。

💗 如果用电煲锅，按设定时间加热

【 销魂伴侣 】~💗

砂仁、山药、莲子、芡
实、墨鱼、腐竹、白
果、霸王花、木瓜、老
鸭、花生、杏仁等

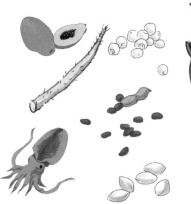

浓香呓语

1. 猪肚虽然是好东西，可是清洗起来着实麻烦，须再三再四地揉搓、冲洗。盐和淀粉是冲洗猪肚的最佳搭档，两者都可以将猪肚上的脏东西粘下来，还有极强的去污功效。可乐，大家只知道它是饮料，殊不知可乐中的酸也具有极强的去污力，能够清除猪肚上的附着物。不过，不论是用盐、淀粉还是可乐处理，用量要大，反复多次。

2. 做猪肚时最好放一勺醪糟，或者是放醪糟原汁。醪糟有酒香，能够去除异味，还能使汤中带上几丝淡淡的甜味。

猪肚汤之流变

白切猪肚

俗话说"喝汤也需吃肉"，这样营养才能完全吸收。可是喝了美味的猪肚汤，猪肚该如何处理呢？咱们一物两吃。将炖过汤的猪肚拿出来切丝，一半放回汤里和花生一起喝汤时吃，一半配上蘸料，做成一大盘白切猪肚。一边喝汤，一边吃菜，岂不美哉？

党参砂仁猪肚汤

党参是平补之物，猪肚"以形补形"，最适合补胃，可同时，猪肚又有些油腻，脾胃运化太弱的人不容易消化，所以要加一味砂仁在里头，帮助脾胃运化。此汤理气温脾的效果极佳，最适合春季服用。

猪脚汤

妙手浓汤

工具

煮水锅、煲汤锅

猪脚的美味在于其满是筋头巴脑的筋和富含角质蛋白的猪皮，因此它的香气和口感也就很是特别。最受美女们欢迎的猪脚汤来咯！啃起猪脚来，美女们就很少顾及形象喽~

材料

猪脚1个，黄豆1把，姜多几片，蜜枣2个，胡萝卜1根

做法

① 黄豆冲净，放入清水中浸泡两小时，胡萝卜洗净，切滚刀块。

② 将猪脚的皮刮干净，洗净切块，加姜片放入清水锅里，开大火焯水，撇去浮沫，再煮10分钟，然后捞出洗净。

💗 猪脚烫洗不干净，会留有腥臊气味，因此刮洗、焯水一定要彻底。注意缝隙处别留死角。

③ 将泡发的黄豆放入砂锅中，放入猪脚、蜜枣、姜片、胡萝卜，大火烧开后转小火，煲煮3小时，喝汤前再加盐调味。

【 关于老火汤 】

　　猪脚汤是粤菜老火汤中的典型品种。老火汤又叫广府汤，是广东、香港、澳门及海外粤语族群每天不能缺少的汤水。因为这个地区暑湿气重，人们一年四季酷爱煲制各种老火靓汤。老火汤制作时间长，火候足，又会根据食材和药品的性味相应调配，既起到了药补的功效，又有入口香浓甘甜的口感，是他们传承数千年的食补养生秘方。

　　老火汤讲究用厚砂锅，常会搭配煲汤蜜枣、霸王花、淮山、党参等煲汤材料，材料先分别处理好后，一起冷水放入锅里，急火烧开后小火慢煲，通常花2~4小时做成一锅汤，掀开盖子，一锅浓汤，食材融化或炖散，原汁香浓。广东女人都是煲汤的高手，她们会依据不同的时令煲出不同的汤水，冬天土鸡茶树菇，放入花旗参、红枣等辅料，夏天苦瓜排骨，秋季沙参玉竹老鸭……不同的食材、不同的搭配，煲出各色的香气和滋润的浓汤，温暖了全家人。

【 销魂伴侣 】

老黄瓜、胡萝卜、木瓜、蜜枣、香菇、通草、木耳、海带、党参、枸杞、黄芪、板栗、雪梨、山药等。

浓香呓语

1. 猪脚汤虽然好吃，可是猪脚的味道十分难闻，有时会有许多密密的猪毛，需要仔细处理。最好先将猪脚放在炉火上用火燎一燎，将毛烧掉，皮也略烧焦也问题不大，尤其注意脚趾夹缝处要弄干净。

2. 猪脚焯水时，需要煮久一点，焯水锅中加入几片姜，滴入几滴白酒，能够更好地去除异味。

3. 注意哦，蜜枣是那种广东煲汤蜜枣，硬硬的，不是蜜饯里的蜜枣。

猪脚汤之流变

莲藕花生猪脚汤

用莲藕块、泡好的花生、焯好水的猪脚，加入蜜枣、胡椒煲烂猪脚。

党参煲猪脚

猪脚焯洗好，和两根党参、一把黑豆、几片淮山药、玉竹放进锅里，加几丝陈皮，煲到黑豆熟软。

瓦罐鸡汤

妙手浓汤

工具

砂锅、汤锅

以前在湖南、湖北、江西、安徽等地乡间，吃过早饭就下地劳作，中午饭来不及做菜，可是，务农都是力气活，总得吃点儿"硬货"。于是，农民们在温热的灶膛间埋几块炭火，在灶上的瓦罐里加水，放几块排骨或猪肚，等到中午，屋里已经香气弥漫了。这就是最初的瓦罐汤。 现在，瓦罐汤变小罐罐被煨在大肚罐子里，喝瓦罐汤已经成了时尚。

材料

柴鸡1只、桂圆10粒、生姜1块、枸杞10粒

做法

① 将柴鸡宰杀干净，拔去毛，
去内脏，用清水冲洗干净，
剁成大小合适的块。

♥ 整只鸡放入砂锅中炖汤卖相
好，剁开了炖汤能更充分地炖出鸡
的鲜味和营养。

② 水烧开后，将鸡块放入
锅中，汆烫两三分钟，
捞出，用热水冲净。

③ 将处理好的鸡块放入砂锅中，放入水和切成片的姜，大火烧开后，转小火继续煲煮一个半小时。

④ 加入去壳的桂圆，继续煮半个小时。然后加盐调味，放入枸杞，关火，盖上盖，继续焖10分钟。

💜 新鲜柴鸡味道极其鲜美，不用加其他的调料，所以只放一块姜去腥，加几粒桂圆和枸杞就足够了。

【 销魂伴侣 】～

红枣、老黄瓜、红薯、土豆、慈姑、芋头、蘑菇、人参、黄芪、党参

浓香呓语

1. 炖鸡汤，火小慢煨是关键。袁枚在《随园食单》中说"有须文火者，煨煮是也，火猛则易枯。"瓦罐受热均匀，老母鸡经过长时间的小火煨制，骨酥肉嫩，汤汁稠浓，味道鲜美。

2. 煲汤的鸡最好选用一年以上的柴鸡，煮汤的时候不要放盐，也不要加其他调味料，鸡汤讲究原汁原味。除了桂圆，也可以放黄芪、人参之类的中药材，特别滋补。

瓦罐鸡汤之流变

瓦罐煲羊肉

羊肉煲秋冬季节进补的暖身汤，用羊腩或者羊肋排都可以，可以放一些少量当归和一些冬笋。先把所有材料都清洗干净，将羊腩切成块，冬笋切块，当归泡开，洗去渣滓，生姜切片。将羊肉用沸水汆烫去血沫，洗净，放入炒锅中加姜片煸炒2分钟，然后放入瓦罐中，加入当归、生姜，倒入适量开水，大火烧至水滚后转小火，慢炖2个小时，然后放入冬笋，炖10分钟，关火，放盐后加盖焖10分钟即可。

莲藕排骨汤

妙手浓汤

材料

莲藕1节、排骨500克、姜片、盐、料酒

湖北人爱吃莲藕，生吃、凉拌、素炒、煎炸、做馅、蒸排骨、炖汤，一节莲藕能有无穷无尽的做法，莲藕炖排骨更是家家户户都做，人人都爱吃的汤菜。莲藕的清甜与排骨的浓香混合在一起，汤清而味香浓，浅褐色，炖得粉粉的藕，鲜嫩的排骨，再喝一口汤，撩拨得人停不下口。

工具

汤锅、砂锅或炒锅

做法

① 将莲藕切去两头，纵向切开，清洗干净，再将藕刮去表皮，切成滚刀块。

有的藕孔眼内有泥沙，注意全都要处理干净。

② 将排骨剁成小段，用流水冲干净，放入汤锅中，加足量冷水，大火烧开，汆烫两三分钟，撇去血沫，多撇几次，直到没有血沫出现，再将排骨洗净捞出，沥干备用。

③ 砂锅里放入足量清水，放姜片和料酒烧开，加入排骨，大火烧开，转小火炖煮半个小时。

④ 揭开锅盖，将莲藕倒入锅中，开大火，等再次烧滚后，转小火，盖上锅盖，让锅里始终保持微微沸腾的状态，炖煮1个半小时。

⑤ 揭开盖，加盐调味，关火，盖上盖再焖10分钟即可。

【 销魂伴侣 】~♡

胡萝卜、山药、板栗、香菇、榛蘑、芋头、玉米、酸菜、干豇豆、豇豆米、萝卜、慈姑、土豆、冬瓜

浓香呓语

同样的材料，烹调的人不同，做出来的汤可能有天壤之别。要想使这味汤更加香浓美味，有一些经验千万不能忘记：

1. 排骨焯水的时候冷水下锅，炖汤时最好热水入锅，否则一冷一热，会激得排骨肉质紧实，既影响口感，又不容易使排骨内的营养物质分解出来。

2. 买藕的时候，尽量要选择两端藕节都完整的，这样的藕孔眼里才不会有过多的泥沙。

3. 做藕的时候不要用铁锅，因为藕中的物质和铁离子结合，会使藕和汤变黑。

莲藕排骨汤之流变

腔骨山药汤

和莲藕排骨汤做法一样，材料换成腔骨和山药就好。山药要在腔骨炖熟再放入。关火后放几粒洗净的枸杞，浓汤、白山药、红枸杞，香！

老黄瓜瘦肉汤

妙手浓汤

工具

砂锅、汤锅

这是一道颇受好评的粤式汤。老黄瓜瘦肉汤就是典型的夏季汤水，老黄瓜性凉味甘，可以清热解毒祛湿利水，养颜排毒，清热下火。这个汤味道极其清香，清淡中带着丝丝甘甜。虽然这是粤式汤，但不用炖上三四个小时，从准备材料，到靓汤出锅，前后一个小时就够了。

💕这是一道清淡可口的夏季汤水，主打清爽甘甜的味道，除了盐之外，不用放其他调料。

材料

猪瘦肉1块（约250克）、赤小豆1把、陈皮3、4片、老黄瓜1根、蜜枣4、5个、姜1块、盐适量

做法

① 将老黄瓜洗净，切掉头和蒂，从中间剖开，掏去瓤和籽，冲洗干净，然后改刀切成大方块。

💚 老黄瓜可是个好东西，虽然北方人吃得少，可在南方，尤其是农村，几乎家家户户离不开，拿它来切片炒菜、糖腌、炖汤、红烧……

② 赤小豆洗净，提前浸泡2小时；红枣和陈皮洗净，姜洗净去皮切片。

③ 瘦肉洗净，放入清水中浸泡半小时，浸泡掉血水，捞起来沥干，然后切成块。

④ 汤锅中放凉水，将瘦肉块放入，大火烧开，余烫半分钟，撇去浮沫，洗净，捞出。

⑤ 砂锅里放入清水煮沸，将准备好的老黄瓜、瘦肉、赤小豆、蜜枣、陈皮和姜片一并放入，大火煮开，转小火，再煮35分钟，然后加盐调味，关火，焖10分钟出锅。

【销魂伴侣】

泥鳅、鸡、鸭、鱼、鸽子、慈姑、芡实、薏仁、干豇豆、薏仁

浓香呓语

1. 这道汤里，我们去掉了老黄瓜的瓤和籽，但是没有去皮。老黄瓜的皮一般很粗糙，跟老树皮差不多，如果去皮，老黄瓜很容易煮化，留着皮，等汤炖好时，黄瓜会炖到瓤透明软烂，但皮有嚼劲。所以一定要留着黄瓜皮。而老黄瓜的籽和瓤都很酸，如果放在汤里，不仅会使汤变得混浊，也会影响汤的味道。

2. 陈皮是健脾开胃，赤小豆是利水补心，这个汤十分适合夏季饮用，如果体内湿气太重，脸上痘痘太多，可以在汤里再加一把薏仁。

老黄瓜瘦肉汤之流变

苦瓜瘦肉汤

这道汤也是简易的南方汤。将瘦肉处理干净切片，苦瓜去瓤切块。将瘦肉先过水汆烫去血沫，然后放入砂锅中大火煮开，小火炖熟。将苦瓜放入锅中炖软，加盐调味即可。

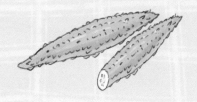

2 莫道不销魂

快速简便，好喝不贵

白菜豆腐汤

妙手浓汤

过去冬季里，北方家家户户都储藏大白菜，一下买一两百斤，码放在屋外。到隆冬时节，白菜从里到外冻得梆梆硬，吃之前拿回屋里，白菜会慢慢解冻，恢复成原来的样子。熬白菜甜滋滋的香气留在很多60后、70后关于童年的温暖记忆里。北方人没吃过熬白菜的有没有？没有！

材料

白菜1/3棵·豆腐1块·猪油2、3勺·盐和味精适量·大葱1段·海米1勺·泡发的粉丝1把

工具

炒锅

做法

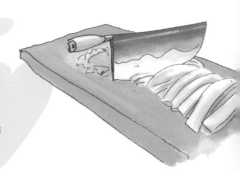

① 将白菜洗净，最好只留一半菜梆带全部菜叶，沥干水后横刀切成两指宽的条。

② 豆腐放入加盐的水中浸泡10分钟，然后冲净，切成1厘米厚的大片备用。

选用北豆腐是最佳搭配。

③ 葱段斜刀切成片状葱花；海米用温水泡一泡控去水。

④ 锅烧热，放入猪油，油热后放入海米稍煸一下，倒入葱花，出香味后倒入白菜翻炒。

⑤ 白菜炒软，加水没过白菜，盖上锅盖煮至白菜半透明，放入豆腐。

⑥ 待白菜熟软、豆腐松软时加入粉丝稍煮，加盐、味精调味，关火即可。

【销魂伴侣】~💕

板栗·豆泡·面筋·
粉丝·丸子·鱼糕·
牛肉·羊肉·鸡·鸭

浓香呓语

1. 因为白菜和豆腐都是极其清淡，所以需要荤油增香·海米添味，也能使汤色奶白。不放豆腐，直接煮熟白菜，就是地道的熬白菜，同样特别好吃。

2. 注意，粉丝不能久煮，量不可多，且最好不剩。

3. 如果恰好家里做了鸡汤·骨汤·鸭架汤，加水时用汤，白菜汤一下就上档次了。

白菜豆腐汤之流变

栗子白菜

我们再来一道家常养生的栗子白菜。栗子，也就是板栗，生吃有补肾的作用，做熟了吃，不仅味道甘甜，而且营养丰富，补脾健胃。

将大白菜一片片摘下来，用水冲洗干净，顺着菜的纹理撕成条。锅里放入适量水，大火开锅，将白菜入锅汆烫半分钟，捞起冲凉沥干水。生栗子用刀划开一个小口，放入汆过白菜的锅里煮3分钟，捞起来，用凉水浸泡一下，去掉外壳，然后上蒸锅蒸20分钟。炒锅内放油，倒入白菜略翻炒，倒入蒸透的栗子，加入盐、料酒、高汤略煮即可。

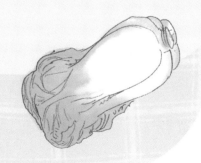

疙瘩汤

妙手清汤

面粉

香油

材料

面粉、盐、清水、
小油菜、香油几滴

说到疙瘩汤，南方人和北方人想的肯定不是一回事。一个土生土长的南方人第一次见到北方的疙瘩汤会吓一跳——怎么是一大碗放了酱油的面糊糊，难道老板弄错了？

当然没错，北方的疙瘩汤就比较稠，面疙瘩稍微有点大，汤里头会打入蛋花，放酱油、西红柿等；而南方的疙瘩汤则是一碗清汤，面疙瘩个头扎实，一个顶一个，汤里顶多只有几片绿叶菜，因为南方人吃的是面疙瘩的原味。

咱们做一碗小疙瘩的清汤吧。做疙瘩汤，难的不是糊糊，难的是清汤。咱们先学会做清汤，糊糊汤自然也就不在话下了。

工具

普通炒锅、砂锅等，火力够大即可

做法

① 将面粉放在大碗里，加少许盐搅拌均匀。再慢慢地、一点点加水，边加水边用筷子快速搅拌，搅成松散的小面疙瘩。

💛 疙瘩的大小嘛，依个人口味而定，不过，如果搅成小絮状，做出清汤的难度会更大一点。

② 摘洗两棵油菜，放一旁备用。

③ 锅里倒入清水，滴几滴油，待水滚后慢慢拨入面疙瘩。

💚 切记，面疙瘩要用筷子挑着，一个一个往里放，往水花中放，这样疙瘩表面才会很快熟，汤不易混油。

④ 等到面疙瘩都在水面上漂起来，放入油菜烫一下，淋上香油，加盐调味，盛起即可。

【 销魂伴侣 】

上面说的是南方的疙瘩汤，那就是清水碗中一点绿，除了青菜，很少有别的辅料。可是北方的疙瘩汤，比较起来就丰富得多啦。木耳、笋片、黄花菜、鸡蛋、番茄……全都是美味拍档、销魂伴侣。

浓香呓语

1. 和面的时候，往面里淋上几滴油，这样做出来的疙瘩更加润滑，口感更好。

2. 每次只加少少一点水，然后搅动，拨散。

3. 往锅里拨的时候，只选大粒的拨入，剩下的再加一点点水搅拌成大一点的疙瘩。

面粉趣事

想做一碗清香扑鼻的疙瘩汤，面粉是当家主角。前一段时间电视热播的《爸爸去哪儿》里面有一个小片段，爸爸们分到一大袋面粉和其他蔬菜，要用这些材料为孩子们做一顿香喷喷的午餐。田亮对着一袋面粉发愁：这hui面要怎么做呢？字幕编辑显然认为田亮在呓语呢，其实，这就是南方方言。很多地区习惯将面粉称作灰面，是为了说明面粉磨得够细，跟灰尘一样。呵呵，这下明白了吧！

北方疙瘩汤

当当当，北方疙瘩汤来啦，料足味鲜，有面有菜。哪怕是七尺汉子，来上这样一碗疙瘩汤，也会撑得肚子溜圆的。

先将葱姜蒜爆香，加入切好的西红柿块，炒成准番茄酱状，适量加一点点酱油（不加也可），然后调味，加水烧开。然后是南方疙瘩汤的步骤，将疙瘩下入锅中，煮个两三分钟，待锅再开了，就往里倒搅拌均匀的鸡蛋，一大锅北方糊糊疙瘩汤就做得了。

如果你是在外面餐馆吃疙瘩汤，不想太稠糊，别忘了提醒服务员，"要清汤的，少放疙瘩多放菜"！

鸡蛋汤

妙手浓汤

哦，鸡蛋汤，对于一般人来说，这都是一道再普通不过的汤了。两个鸡蛋、一瓢水、一点儿青菜或者紫菜之类的，一碗营养丰富的鲜美简易汤就出锅了。虽然说起来简单，但是真正想做好一碗蛋花饱满美丽，滋味鲜香的鸡蛋汤是有窍门的。

材料

鸡蛋2个. 生姜1块. 油盐适量. 香葱1根. 香油少许

工具

炒锅or汤锅

做法

① 2个鸡蛋打在碗里，用筷子搅打，搅打到蛋清蛋黄融为一体，蛋液表面有大泡沫为止。

② 生姜切成末，香葱切成葱花备用。

③ 锅里放入少许油，放入姜末翻炒出香味，加适量水，大火烧开，加盐调味。

④ 将鸡蛋碗拿过来，再搅打几下，待锅中水翻滚的时候，将筷子放在碗边，略微倾斜碗，让蛋液顺着筷子落下，画圈将蛋液缓缓倒入锅里。静待10秒，关火。

⑤ 将葱花撒入锅中，然后往锅里滴入少许香油。

⑥ 准备好一个大汤碗，将整锅的鸡蛋汤倒入碗中。

💕 这是最简单的无料鸡蛋汤，通常我们都会在鸡蛋汤里放入些蔬菜或者紫菜之类。如果是放西红柿，应该将西红柿切成片，水开时下锅，待再次开锅方可倒入蛋液。如果是菠菜等易熟的叶菜或者紫菜，事先烫、切好，等到蛋汤快要起锅前放入。

完成！
Finish

【销魂伴侣】~❤️

番茄、菠菜、丝瓜、生
菜、油麦菜、油菜

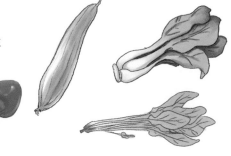

鸡蛋汤之流变

蒸蛋羹

上面说了鸡蛋汤，再说说蒸蛋羹，也就是炖蛋、鸡蛋羹的做法。

先将鸡蛋打入碗中，加入少许盐和油，如果有啤酒，可以滴入几滴啤酒，用筷子将鸡蛋搅打均匀，然后匀速加入1~3倍（最佳是2倍）于鸡蛋液的温水或温米汤（看你喜欢干一些硬一些的蛋羹还是水润一些软一些的）。用米汤最好，蒸出来的鸡蛋羹嫩滑，失败率低。将蛋液放入已开锅的蒸锅中，锅盖稍微留一点缝隙，中火蒸8分钟左右出锅（4个鸡蛋的量），淋上香油即可。调料一定要后放。

蛋羹里可加入香菇、虾仁、贝丁等海鲜或者牛肉末，蒸到原料成熟。也可以用奶调蛋。蒸蛋口感嫩滑，营养丰富，制作方便，偶尔吃一次有被疼爱的感觉~

浓香吃语

1. 盐要少放，因为鸡蛋汤比较清淡，尽量少放盐，宁可淡了再加一点。调料熟后调入。

2. 上面所介绍的大火滚水下入蛋液的做法，是为了让蛋液迅速成熟飘起成蛋花，使鸡蛋汤更清亮。也有些人喜欢喝浓稠的鸡蛋汤，那就需要在水烧开后，将火调小，使得水开而不沸腾，然后将蛋液绕锅边均匀地倒入锅中。静置10秒钟，等锅中的鸡蛋稍凝固后把锅端起缓慢绕圈晃动，使得蛋液尽量凝固成型。另外，倒入蛋液的时候，最好用一双筷子放在碗中间，让蛋液顺着筷子均匀地流入锅里。

3. 鸡蛋汤里的鸡蛋不是越多越好，一般两三个人的分量，2个鸡蛋足矣。因为鸡蛋虽好，也不可过量。

4. 至于在鸡蛋汤中加入淀粉、酱油之类的做法，那是每个人的口味不一样，各人按照自己独特的口味调配就行。

丝瓜汤

妙手浓汤

工具

炒锅

丝瓜又叫吊瓜，嫩瓜鲜嫩可口、清香扑鼻，能清凉、利尿、解毒，夏季吃再适合不过了。丝瓜汤做起来方便，吃起来爽口，从准备材料到出锅，用不了10分钟就得了，是不是很方便省事？

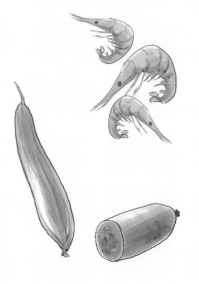

材料

丝瓜1根·虾仁N个·鸡蛋1个·火腿1小块·油适量

做法

① 将丝瓜洗净，刮去外面一层绿色的薄皮，冲洗干净，切成滚刀块。

② 火腿切成片，备用。

③ 用牙签将虾仁的沙线挑出来，用水冲洗干净。

④ 将鸡蛋打入碗中，用筷子顺同一个方向搅打均匀。

⑤ 热锅凉油，大火烧至油温五成热时，将丝瓜倒入翻炒，等到丝瓜变软出水后，倒入适量清水烧开。

⑥ 锅开后，加入虾和火腿，煮开，再拿起鸡蛋碗，将蛋液贴着锅边一圈淋下去，稍小一点火，等鸡蛋液煮熟关火出锅。

【 销魂伴侣 】

五花肉·培根·面筋·木耳·豆泡·腐竹·豆苗·冬笋·鲜豌豆瓣

浓香呓语

① 挑选丝瓜要选择颜色嫩绿·表面筋膜不突出的，可以用手在丝瓜上稍稍按压一下，如果表皮硬挺，又容易按压下去，这根丝瓜就比较新鲜、比较嫩。还可以用手掐一下，要是容易掐动，并且很快渗出汁液，这也是鲜嫩的丝瓜。嫩丝瓜肉质特别脆，用手可以轻易地掰断。

② 丝瓜的味道鲜甜清淡，所以在烹煮时不需要加入酱油、豆瓣酱等口味较重的调味料，以免抢味。

③ 火腿宜少放，因为火腿本身有咸味，所以汤中未放盐。口重的人可以在倒蛋液之前，在锅中调入少许盐。

④ 丝瓜不宜久烹，开锅后顶多3分钟就行了。另外，丝瓜同其他青菜一样，烹饪时千万不要加盖，否则容易变黄。

丝瓜汤之流变

丝瓜面筋

这是一道南方家常的素菜，有丝瓜，有面筋，还有木耳、胡萝卜和冬笋片，黑白红绿相间，颜色诱人。营养全面，清爽可口，是素食者的极佳选择。

1根嫩丝瓜、六七个面筋、半根胡萝卜、一小把黑木耳和一小块冬笋片，葱姜蒜统统不要。

将丝瓜处理好切滚刀块；面筋从中撕开；胡萝卜去皮切片；黑木耳用淘米水加盐泡发，泡开后洗净，去蒂，撕成小朵；冬笋片用清水浸泡半小时，切成片，冲洗干净，沥干水。

热锅凉油，放入胡萝卜翻炒，胡萝卜变软时放入木耳、丝瓜冬笋片和面筋，加盐调味，加入适量清水煮开，再继续煮一两分钟，然后，倒入少许水淀粉勾芡，搅拌均匀即可出锅。

海带汤

海带汤是汤品中的异数,没有季节之分,四季皆宜,全国人民无论南北都喜欢喝。韩国人也将海带汤当成他们每日饮食的主要食材。至于韩国的海带汤咱们先按下不表,先来说说咱们国家最盛行的海带汤吧。

妙手浓汤

材料

干海带1片·棒骨1根·红枣6.7个·生姜1块·香醋适量·大料1个·盐适量

工具

汤锅·砂锅

做法

① 将干海带提前一天泡发，中途多
换几次水，洗净泥沙，继续泡
水，直到海带极容易掐断。

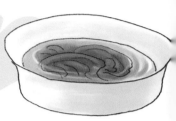

② 处理好的海带切成
片备用。将生姜切
片备用。

③ 将棒骨洗净，一根锤成两截，下入开
水锅中汆烫，焯出血沫后洗净捞出。

④ 砂锅里放适量清水，加入棒骨、生姜、大料和红枣一同煮。水开后撇去浮沫，转小火，煮1小时。

⑤ 加入海带，滴入少许香醋，再煮个把小时，加盐调味，关火出锅。

【 销魂伴侣 】~♡

绿豆、黄豆、慈姑、玉
米、炖五花肉、白菜、
宽粉条、土豆

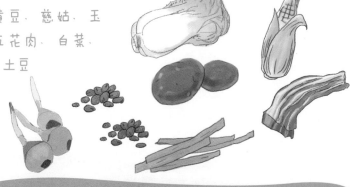

浓香呓语

1. 加大料是为了调和海带的腥味。

2. 挑选海带有讲究。新鲜的海带是深褐色，晒干后会呈墨绿色或深绿色。颜色特鲜艳的海带不正常。最好选择叶片宽厚、无枯黄的干海带。

3. 干海带上带有许多泥沙，最好先用手搓掉浮土和泥沙。用清水泡发最能够保持海带的营养，如果时间来不及，可以将洗净的海带放入蒸锅中蒸制半小时，待晾凉后，再放入清水中浸泡三四个小时。

海带汤之流变

凉拌海带丝

先将干海带处理好，洗净后剪成丝。锅里放海带丝，加入水，滴入几滴醋，大火烧开，再继续煮5分钟，然后将海带捞起来，放入凉白开中浸泡。再将泡凉的海带丝捞起来，沥干水，加入胡萝卜丝、尖椒丝，依照自己喜欢的口感加入调味料搅拌均匀即可。

卤藕炒海带

这是一道湖北名菜，人们一般在做卤菜时，不论卤猪肉、牛肉还是猪蹄等，常常会在里头放入整块海带和数节藕，这样卤出来的肉带有海带和藕的清香，而海带和藕又吸饱了肉香，异常鲜美。将卤好的海带切成条，藕切片，再切少许鲜辣椒丝。热锅凉油，放入辣椒丝炝炒，加入海带和藕片继续翻炒，调入盐和味精调味，放入蒜末，翻炒均匀即可出锅。

丸子汤

妙手浓汤

丸子汤，这是一个极为宽泛的概念，因为首先主料丸子就有多种，牛肉丸子、猪肉丸子、各种鱼丸、各种素丸子……每一种丸子加上不同的配菜又可以做出不一样的汤来，譬如猪肉丸能做出冬瓜丸子汤、白菜汆丸子、黄瓜丸子汤、萝卜丸子汤……肚子咕咕叫了吧？别想那么多了，虽然丸子的材料不一样，可是做法大同小异，我们还是先来个简单清爽的萝卜猪肉丸子汤吧。

材料

白萝卜500克·猪肉250克·盐适量·花椒十几粒·葱姜适量·白胡椒粉少许·香菜末少许

工具

汤锅·小勺

做法

① 碗里倒入1杯开水，将花椒倒入，盖上个盘子或蒙上保鲜膜。

② 将猪肉洗净，浸泡半小时，捞起沥干，剔去皮，剁成肉馅装入大碗中。

💓 其实呢，有的人更喜欢用有口感的猪肉颗粒做丸子，切细细的或者别剁太细就行。

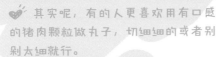

③ 葱切成葱花，姜剁成末；白萝卜去皮洗净，切成丝；泡花椒留水，去掉花椒粒。

④ 在肉馅碗中放入适量盐，加入葱姜末，将花椒水分几次倒入肉馅中，倒一点水就顺着一个方向搅拌，感觉水被吸收，肉馅上劲儿再加水，直到水全部加入搅匀。

💗 肉馅搅好的标志是表面会有缕缕白色的肉筋，很黏稠且不黏碗边。

⑤ 锅中放水，将萝卜丝放入，大火煮到萝卜有点转半透明时转小火，让汤水保持微沸不翻滚，用勺子团起一个个肉丸子，放入锅中。

⑥ 等丸子都下入锅中，整个沉入水中，改小火，盖上锅盖煮至丸子浮起，加盐、胡椒粉、香菜。

【 销魂伴侣 】~💖

黄瓜、白菜、粉丝、
豆腐

浓香呓语

1. 只用水打肉馅，丸子水分充盈，有人喜欢在肉馅中放入蛋液、淀粉，这样做出的丸子口感与水打肉馅不同，会感觉有点面。怎么做全看你喜欢什么样的。

2 猪肉要选用有两三成肥肉的，这样口感好，不干不柴。

3 丸子下锅时的水要微沸，否则丸子容易散；丸子下锅煮熟时火不要大，火太大丸子会失水。

丸子汤之流变

狮子头

这是地道的江南菜，风行数百年，制作方法也很考究，可以看成肉丸子的升级版。

先将猪肉剁成肉茸，加入盐和胡椒粉，放入盆中搅拌均匀。取几个马蹄或者一点莲藕，切成小粒，放入肉茸中。一小块姜切成姜末，用纱布包着，挤出姜汁，滴入肉茸中。用手顺着同一个方向使劲揉搓肉茸，不时抓起来用力甩几下，将肉茸甩上劲，然后团成圆球，不要太小。

锅中坐水，大火烧开，将肉丸子下入，调中小火。此时锅中会飘起不少浮沫，用勺子撇去。等到肉丸子飘起来，锅中再淋入少许水，等到水再沸腾，肉丸子都飘起来时，就可以关火了。

将熟透的肉丸子捞起来，沥干水分。锅里煮过丸子的汤不要扔掉了，可以留着当汤头用。

用生抽、老抽、蚝油、糖、香油、水淀粉调匀，在热油锅里炒成汁，然后将肉丸子下入锅中，使调料汁均匀地沾在肉丸子上，狮子头出锅。

鸭血粉丝汤

妙手浓汤

鸭血粉丝汤，名字就道出了其中的主料：鸭血、粉丝，除此之外，还有鸭胗、鸭肠、鸭肝等材料。虽然是镇江小吃，但鸭血的滑嫩能迷倒所有吃过的人，有的人说起它就口水哗哗。鸭血粉丝汤的拥趸一定会到处寻觅，然后得出结论——虽然都叫鸭血汤，但汤和汤真是不一样啊……有机会去镇江吃吧，去不了的时候自己先做一碗解解馋~

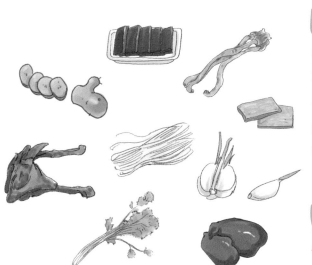

材料

粉丝·鸭血·鸭架·香菜·豆腐干·鸭肝·鸭肠·油·盐·白胡椒粉·醋·蒜瓣·生姜·辣椒油·香油

工具

砂锅·汤锅

做法

① 先将鸭架用刀砍成块，放入砂锅中加适量清水，放入姜片，熬制两小时，熬出鸭汤备用。

② 粉丝用冷水浸泡至软，洗净，沥干备用；鸭血1盒用水冲洗干净，切成条，豆腐干1块切成条；香菜去掉根，洗干净，切成末备用；姜切成丝，蒜拍碎，捣成蒜泥。

③ 鸭肠用白酒搓洗数遍，用清水反复冲洗干净，放入沸水锅中汆烫1分钟捞出，切成段。

④ 鸭肝用冷水浸泡出血水，洗净，切片。

⑤ 锅里倒入适量鸭汤，中火煮沸，倒入准备好的鸭肠，再次沸腾后加入泡软的粉丝、豆干、鸭血、鸭肝，再煮两分钟，加盐调味，关火出锅。

⑥ 将煮好的材料盛入大碗中，撒上香菜末和葱花，加入适量胡椒粉、醋、蒜泥，滴入几滴香油，想吃辣再来点辣椒油。

【销魂伴侣】

鸭心、鸭胗、鸭肉、冬笋

浓香呓语

1. 鸭汤是关键，这鸭汤最好是用鸭架小火慢炖熬制而成。吃烤鸭打包回来的鸭架，去超市买的酱鸭子等，片下来的鸭架都可以拿来熬汤。

2. 粉丝一般选用绿豆粉丝，不会煮烂。

3. 煮鸭血一定要讲究火候，时间长了鸭血就老，吃起来渣渣的，时间短了里面还是生的。

鸭血粉丝汤之流变

鸭血烩丝瓜

清甜爽口，绿的丝瓜和暗红色的鸭血相映成趣，美味养眼。丝瓜洗净去外皮，切滚刀块或片。鸭血洗净切块。锅中放入清水，滴入几滴白酒，放入两片姜，大火煮开，将鸭血块放进去焯水。炒锅烧热，倒油，开大火，放入葱姜煸炒，加入鸭血，倒几滴料酒，再加入适量清水。锅开后，转小火，炖煮5分钟左右。将丝瓜倒进去，再炖煮约3分钟。加盐、胡椒粉调味，翻炒均匀，关火出锅。

毛血旺

妙手浓汤

工具

炒锅、火锅或砂锅

说过了汤清香浓的鸭血粉丝汤，再来说说红油翻滚的重庆重口味毛血旺。毛血旺里有汤，但不喝汤，算是汤菜。如果说鸭血粉丝汤像婉约美女，清雅袅娜、意蕴无穷，毛血旺就是辣妹子的典型，爽脆利落、淋漓酣畅。毛：毛肚，血旺则无需解释，血旺和红油汤算得重口味绝配~

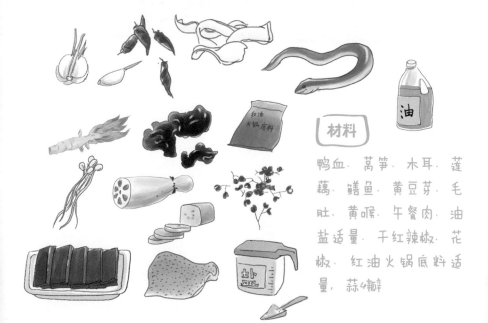

材料

鸭血、莴笋、木耳、莲藕、鳝鱼、黄豆芽、毛肚、黄喉、午餐肉、油盐适量、干红辣椒、花椒、红油火锅底料适量、蒜4瓣

做法

① 木耳泡发，洗净，控干水，木耳撕成片；鸭血洗净，切片；鳝鱼洗净，剖开，切段；黄喉洗净，改刀成段；午餐肉切大片；莴笋削去表皮，切成片备用；豆芽洗净，放入锅中焯水1分钟，捞出沥干水；莲藕洗净、去皮，切成薄片；蒜剥好，拍碎后切末。

❤ 午餐肉还是蛮重要的，可以换用其他你喜欢的迷你肠，香味和红油火锅底料很登对。

② 毛肚用盐和醋反复搓洗3遍以上，再用白酒搓洗，用清水冲洗干净；干红辣椒洗净，切碎。

❤ 用毛肚或是百叶都行，看你喜欢什么~

③ 锅中放水烧开，将木耳、豆芽和莴笋片、藕片都放入开水锅中汆烫半分钟，捞起沥干；将牛百叶和黄喉下入锅中，汆烫2分钟起锅；鳝鱼下入开水锅中汆烫1分钟，洗去黏液。

💝 食材都事先处理一下可以使味道更清爽，也可以缩短后面的炖煮时间，保证豆芽、莴笋等的清爽和清脆口感。顺序是先素后荤。

④ 换炒锅，放少量油，倒入火锅底料，爆出香味后倒入1碗水，烧开。

⑤ 取砂锅，炒锅中的汤倒入砂锅，待烧开依次放入豆芽、藕片、莴笋片和木耳，再放入鸭血、鳝鱼、午餐肉、黄喉、毛肚，烧开后转小火炖几分钟，保证食材都熟，关火。

💕 喜欢吃猪肠的同学可以准备些卤熟的猪肠，前面烫煮一下，后面和鸭血一起入锅。

⑥ 另外用一个炒勺，热锅凉油，小火加热，油稍热就放入花椒慢炸到花椒黑色，倒入红辣椒，辣椒变色就关火，把蒜末放在砂锅里食材上面，将滚油浇上。

【销魂伴侣】~💕

海带、鱼丸、鱼皮丸子、牛肉丸、生菜、油麦菜、宽粉条、香菇等

浓香呓语

1. 毛血旺中不能缺少的东西：鸭血、鳝鱼、毛肚、莴笋、罐头午餐肉。

2. 另外，毛肚不宜久煮，如果用百叶，可以忽略一点时间。

3. 莴笋本来可以生吃，烫得半生不熟时味道正好。用莴笋叶子也完全没问题。

毛血旺之流变

鸭血豆腐

这是一道久负盛名的江南菜肴。原料很简单，鸭血、豆腐，一点猪肉。猪肉处理干净，剁成肉泥。鸭血入沸水锅中汆烫半分钟，捞起切成小丁。豆腐用清水浸泡半小时后捞起沥干，切成块。炒锅烧热，倒油，中火烧至油温七成热时，倒入姜末和猪肉泥翻炒至变色。加入少许料酒，将鸭血丁也倒入，继续翻炒，再倒入豆腐块，加适量水或者高汤，大火煮开，再转小火煮四五分钟。加盐调味，倒入水淀粉勾芡，淋几滴香油，出锅装盘。

酸辣汤

妙手浓汤

工具

炒锅or汤锅

酸辣汤和鱼香肉丝几乎是各个餐馆都有的菜目，酸辣汤里的材料一个馆子一个样，但一样的是醋的酸、胡椒粉的辣，这两样很容易感动鼻腔，以致鼻子热血沸腾，外面出汗，里面流涕。酸辣汤是伤风受寒者的驱寒的良药，很能去腻和增进食欲，配上一屉热乎乎的包子，寒冬腊月也能让你从头暖到脚。

材料

豆腐小半块、黄花菜十几根、水发木耳一小撮、瘦肉1小块、鸡蛋1个、醋、胡椒粉（用量视你的接受度而定）、生抽、姜1小块、料酒少许、油盐适量、香油少许

做法

① 将瘦肉用清水浸泡出血水，洗净沥干，切成丝，加入料酒、鸡精、胡椒粉、盐、水淀粉，搅拌至上浆。

② 黄花菜放清水浸泡半小时以上，泡发后择去根，用清水洗净。木耳切成丝；豆腐用淡盐水浸泡10分钟，捞出沥干，切成条。生姜去皮切成细丝；鸡蛋打散，用筷子搅打均匀。

③ 取一个小碗，放入醋、生抽、胡椒粉和少量盐，搅拌均匀，加入淀粉调小半碗水淀粉。

④ 锅里加适量清水，开大火煮滚，将准备好的黄花菜、木耳和姜丝放进去煮。大约4分钟后，将腌好的瘦肉丝放入锅中，用筷子拨开，将豆腐条也放进锅里，随时用勺子撇去浮沫。

⑤ 待肉丝变白后，将水淀粉倒进去，慢慢用勺轻轻推匀，等汤汁变浓时改小火。

⑥ 将蛋液均匀地倒入锅中，待蛋液凝固后，用勺子轻轻推动，转中火烧至滚开，滴入数滴香油，关火出锅。

【销魂伴侣】～

腐竹、枸杞、红枣、
花生、黄瓜、青菜、
牛肉、香菇等

浓香呓语

1. 这个汤是快手汤，除了用水淀粉勾芡和倒蛋液需慢推慢搅。

2. 水淀粉勾芡不能太稀，要的就是黏糊糊、热乎乎的口感。

酸辣汤之流变

胡辣汤

胡辣汤，和酸辣汤有所不同，酸辣汤讲究酸香，胡辣汤更突出胡椒的辣香。这是河南的地方风味，几乎各处的早餐铺子都能见到其身影。

海带泡发好，与豆皮都切丝；花生米油炸过，拍碎；猪肉切小丁，葱姜蒜切末；准备好青菜；粉皮用水泡发好，冲洗干净，沥干水。热锅凉油，爆香葱姜蒜，放肉丁翻炒，再顺序加入豆皮、海带、花生米翻炒出香味，盛出。锅里倒入高汤煮开，开大火，将面筋扯成长条，一点点放入锅中，用筷子搅成糊糊。放入粉皮，再将炒过的豆皮等材料也倒进去，搅拌均匀，煮开，倒入水淀粉，慢慢推搅，汤汁浓稠，在锅中调入适量盐和胡椒粉，放入青菜，用勺子搅匀。待青菜变色时，就可以关火，滴入数滴香油和醋，再搅拌均匀即好。

如果用面筋不顺手，就用水淀粉勾芡吧。

牡蛎汤

妙手浓汤

工具

汤锅

还记得《我的叔叔于勒》吗？于勒叔叔卖牡蛎，贵妇优雅地伸出脖子啜吸牡蛎的描写不知给多少人留下了深深的印象。牡蛎在中国北方称海蛎子、在广东叫蚝，鲜的是生蚝，晒干的是干蚝，台湾省的蛤仔煎用的也是它，牡蛎被誉为海底的牛奶，肉质细嫩，沿海少不了这种美味。牡蛎汤是沿海人们常做的汤羹，虽然做法简单，但是因为用了牡蛎，做出来的汤味道太鲜美了，喝一口汤能鲜得让你忘了舌头。

材料

鲜牡蛎肉（约150克）、南豆腐半块、九层塔少许、姜1小块、米酒1汤匙、胡椒粉少许、盐适量

做法

① 将牡蛎肉冲洗干净；姜去
皮，切长丝；豆腐洗净，沥
干，切小块；九层塔摘下叶
片，洗净备用。

💝 紫姜又叫嫩姜，是本汤首选。

② 锅中倒入清水，大火烧开，放
入姜丝和豆腐煮2分钟，再放入
牡蛎，开锅后马上关火，倒入
米酒、胡椒粉和盐调味，用勺
子搅拌均匀，撒上九层塔叶片
即可出锅。

【 销魂伴侣 】

豆泡·面筋·黄瓜·莴
笋·南瓜·丝瓜

浓香呓语

1. 牡蛎虽然好吃，不过处理得不干净，很容易有泥沙，一定得仔细处理。买回来的新鲜牡蛎如果带壳，要戴上手套，拿刷子刷干净，注意别让壳划了手。取肉要用刀或其他薄片器具小心地撬开壳，挖出牡蛎肉。如果买带壳的牡蛎，一定挑选外壳紧闭的。

2. 牡蛎要水开下锅，如带壳煮，壳一打开马上关火。

牡蛎汤之流变

粉葛虽然是个好东西，可也要注意，其性微辛凉，所以胃寒的人还是少食为宜。

牡蛎粉葛瘦肉汤

粉葛，也就是葛根，有些地方称之为凉瓜，甚至称之为地瓜。葛根生吃又甜又脆，带着淡淡的腥味，十分爽口。它是一道爽口的菜，也是一味药材，能够解热发汗，松弛神经与肌肉，使人心绪宁静、神气安稳，提高睡眠质量。

取6、7个大个蚝干（广东叫蚝豉），泡浸一会儿，洗净；粉葛去皮，冲洗净，切块；猪腿肉（100~200克）。粉葛、蚝豉放入汤锅，加碗水煲开，转小火煲1小时左右，中间不时用勺子推动食材。1小时后调入适量食盐即可关火。

腌笃鲜

妙手浓汤

工具

汤锅、砂锅

腌：腌过的咸肉、火腿；笃：上海话"炖"；

鲜：鲜肉、春笋，上海话发音——伊嘟西（近似的音），仿佛已经听见火上炖锅的蒸汽顶得盖子"嘟嘟"的响。腌笃鲜是江南特色汤菜，每年春天，江浙人家都会做腌笃鲜，火腿肉酥软红艳，其他材料都是浅色，浓白的汤计看上去很是清淡，一锅几乎都是肉，鲜、咸香酥，丰腴而不肥腻，吃过一次就再难以忘记……

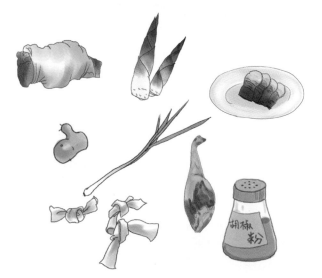

材料

猪蹄髈肉（或五花肉）300克．咸肉和金华火腿各100克（或者其中一种200克）．春笋2个．百叶结N个．生姜1块．香葱1根．白胡椒粉适量

做法

① 将咸肉放入温水中洗净，再浸泡数小时，泡到肉不算太咸为止；火腿切成厚片，咸肉切成小块；蹄髈（或五花肉）洗净，切块；鲜笋剥去笋衣，洗净切滚刀块；生姜去皮，拍破；百叶结洗净，香葱洗净切段。

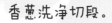

② 汤锅里放入适量清水，将猪肉放入，大火烧开，略煮四五分钟；鲜笋放入开水锅中焯水半分钟，捞起沥干。

③ 将猪肉、咸肉、火腿以及
姜块放入砂锅里，加入适
量清水，大火煮开，注意
用勺子撇去浮沫。

④ 抓入一把笋块放入锅中同煮，
稍小火炖上1小时，等到汤变成
奶白色后，将剩下的笋和百叶
结放入，转大火继续炖。

⑤ 再次沸腾后，继续用小火
炖煮半小时，再加入胡椒
粉和香葱即可。

【 销魂伴侣 】~💿

香菇 · 莴笋 · 豆皮 · 腐竹 ·
藕 · 木耳 · 胡萝卜 · 蚕豆 ·
豌豆 · 鸡毛菜 · 菜薹

💗 这个汤虽然是咸香的，但是比较清淡，不适宜搭配洋葱、韭菜等味道比较重的配菜。

浓香呓语

上面所说的就是传统的腌笃鲜，做起来不算麻烦，但也有几分讲究。

1. 鲜笋先焯水是为去掉笋的涩味。

2. 因为这个汤是清淡口的，咸肉的咸味一般就足够了，口重者适当放一点点盐。

3. 如果想色香味俱全，可以加点儿嫩绿的豆瓣、碧绿的马兰头或橙黄的胡萝卜等好吃好看的菜蔬。

腌笃鲜之流变

雪菜冬笋豆腐汤

这也是一道典型的江南汤羹，味鲜而清淡，润喉生津。准备好一块豆腐、两根雪里蕻、一团猪肉馅、一小块冬笋和其他辅料。先将雪里蕻摘洗干净，放入淡盐水中浸泡后用手攥掉水分，反复几次，去除雪里蕻的怪味。冬笋切块焯水。肉末加黄酒、老抽和生抽腌制。

热锅凉油，油温七成热时，倒入肉末煸炒，改小火，放入姜片、蒜片、干红辣椒煸出香味，再将切碎的雪里蕻倒入炒熟。倒入清水大火煮开，放入豆腐、冬笋，再开锅后中火煮5分钟，加入白胡椒粉调味。

海鲜汤

妙手浓汤

工具

汤锅·炒锅

海鲜？贵！尤其是龙虾、大螃蟹、三文鱼……可海鲜不都是贵的，吃不起天价的，咱可以吃平价的，就像下面这个海边人家的家常海鲜汤，小鱼、小虾、青蛤、花蛤，不贵，但材料新鲜，鲜甜可口，一样的营养丰富，一派天然，全不似那些名贵的海货干品，张张致致，高贵得不接地气了。

材料

蛤蜊肉、海虾、鱿鱼肉各随意分量、黄瓜半根、生姜1块、盐适量、胡椒粉和盐各少许、黄酒适量

做法

① 蛤蜊冲净，沥干水；鲜虾去壳，挑去虾线，冲洗干净；鱿鱼撕掉内脏和体表光滑的皮膜，冲洗干净，打交叉花刀。

💗 鱿鱼紫色的皮如果不去掉，遇热水后想用牙撕扯可就有点难度了。

② 黄瓜洗净、纵向破开成两片，斜刀切成薄片；生姜去皮洗净切丝。

③ 汤锅中倒清水，加少许盐，大火烧开，将蛤蜊、虾和鱿鱼倒入氽烫10秒，捞出沥干水。

④ 炒锅烧热，放一点点油，温热时放入姜丝和海鲜，快速煸炒一下，倒入几滴黄酒烹一下，加清水烧开。

⑤ 倒入黄瓜片，关火，加盐、胡椒粉调味。可以加几滴香油调味。

【销魂伴侣】～

豆腐、丝瓜、西葫芦、莴笋、鲜竹笋

浓香呓语

做这道菜有几个关键点是把海鲜处理干净，否则吃到嘴中渣渣刺刺，十分不爽。

 蛤蜊可以选用带壳的，需要先将蛤蛎泡水，到水变清为止。用盐水，将蛤蜊放在小菜篮或带网眼的盆里泡在水中，水要没过蛤蜊，水中放一把菜刀（铁器）。大概半个小时，蛤蜊就开始四处喷水了。大概浸泡三四个小时，脏东西会沉在水底，再用水冲洗几遍蛤蜊。注意，蛤蜊不能在水中浸泡超过12个小时，否则蛤蜊会瘦下去，营养流失。

2. 剥掉虾壳，去掉虾头，剖开虾背，挑出虾线。再冲洗干净。

3. 海鲜大多寒凉，胃寒脾虚者要尽量少吃，吃时要多加生姜。

海鲜汤之流变

> **蛤蜊鱼汤**

这道蛤蜊鱼汤，既有蛤蜊的清甜，又融合了鱼的鲜美，加上豆腐和白菜，味道十足。

将鱼和蛤蜊都处理干净，沥干水。豆腐切块，放淡盐水中浸泡10分钟。白菜洗净，只留叶子，撕成大块，沥干水。姜片爆香，开大火，将鱼下锅，两面煎黄之后，加入料酒烹制20秒，再倒入适量清水。水开后下豆腐与白菜，转中火焖煮20分钟，加入蛤蜊，加盐调味。等到蛤蜊开口之后，即可关火出锅。

西湖牛肉羹

妙手浓汤

"西湖"二字的由来，有说是因为羹汤中有淀粉和蛋清，调成了蛋白丝丝缕缕、湖水般连漪的汤水，想一想这种意向很是浪漫~名字由来已不可考，但这汤确乎是汤鲜味美的杭州传统名菜，色香味俱全，润滑爽口，营养丰富，最主要的是，这么浪漫的汤我们可以在自己的厨房里做出来，念叨着"西湖牛肉羹"端出来时还是蛮唬人的。

材料

牛肉50克·鸡蛋1个·水发香菇3个·南豆腐半盒·生姜1块·盐适量·胡椒粉适量·香油几滴·淀粉适量

工具

汤锅

做法

① 将牛肉放水中浸泡20分钟，去除血水，剁成小粒，放在开水中烫一下，捞出沥干；鸡蛋留蛋清，放入碗中搅散；香菇洗净，切粒，入开水锅中烫一下；南豆腐用盐水浸泡10分钟，再用清水冲一下，沥干水，切成小块；淀粉加适量水调成水淀粉；生姜去皮，切成末，用纱布包起来，挤出姜汁。

💗 有买来的姜汁直接用，就省事了。

② 汤锅中放水，大火烧开，将牛肉、香菇、豆腐倒入，慢慢搅散水开后转中火再煮两分钟，放入姜汁、胡椒粉和盐调味。

③ 水淀粉搅匀，开大火，将水淀粉倒入锅中，一边用勺子缓缓地搅。

④ 锅中的汤变得浓稠，再次沸腾时关火或小火，将蛋液缓缓地、均匀地倒入锅中，一边用勺子搅拌，使蛋液迅速形成蛋花。

⑤ 往汤中滴入几滴香油。

『销魂伴侣』

草菇、猪肉、香菜、冬笋、木耳、莴笋

浓香呓语

西湖牛肉羹看起来简单，但细节不能忽略。

1. 牛肉选用新鲜的纯瘦部位自己切末，千万不要买现成的牛肉馅；切好后一定要汆烫，否则羹汤混浊，血沫和杂质都混在了汤中。

2. 用水淀粉勾芡时，开中火，缓缓倒水淀粉，一边用勺子搅拌到羹汤黏稠发亮。

3. 这道菜里的蛋花要呈现丝丝缕缕的絮状，所以要等开锅后关火或小火，再细细一缕缓缓倒入蛋液，搅拌均匀。火大了蛋液会凝固成块。

西湖牛肉羹之流变

文思豆腐

文思豆腐是淮阳名汤，可能我们无法把豆腐切得细如发丝，但豆腐丝（哪怕是豆腐粒）飘在红的绿的细丝里，看了就让人食欲大开。

把一盒南豆腐扣出在案板上，刀蘸水，将豆腐切成薄片，再切成细丝，放入清水中浸泡5分钟，滤去水；切得细细的火腿丝、香菇丝、莴笋丝各一小撮。将豆腐丝锅里放入沸水中，烧开，加盐和胡椒粉调味，不勾芡或勾薄芡，再倒入火腿丝、香菇丝，用勺子底部慢慢将豆腐丝推散，等锅中再次沸腾时放入莴笋丝，滴入香油即可出锅。

青菜钵

妙手浓汤

工具

炒锅·土钵

在经常大鱼大肉之后，那原汁原味、清香可人的青菜钵就太有吸引力了，换换口味，清清肠胃，素素肚子。这个汤菜选材不拘，油菜、芥蓝、小白菜、莴笋叶子、油麦菜等都可以作为主料，可以做成清汤的，也可以做成米汤的，做起来也非常简单快捷。

材料

芥菜（取芥菜叶）、姜丝一小撮、油盐适量、胡椒粉少许

做法

① 将芥菜洗净，切碎备用。

💕 也可以把芥菜用滴了几滴油的沸水烫一下，攥去水再切碎，这样后面爆锅后放水，烧开再放芥菜小煮一会儿也可以。

② 热锅凉油（1勺油），开中火，五成热时放入姜丝，煸香后放入芥菜末，翻炒倒入清水或者高汤，转中火。

③ 烧开后，调入适量的盐和胡椒粉，关火出锅，倒入土钵上桌

【 销魂伴侣 】~💝

米汤、花生碎、豌豆、蚕豆、冬笋

浓香呓语

1. 清汤的，用水；米汤的，用做捞饭时煮米的汤；升级版的，用鸡汤或骨头汤；偷懒升级版的，用超市里买的浓汤宝一类。

2. 青菜钵吃的是个净素，不加任何荤料最好。

青菜钵之流变

香菇面筋炒青菜

这是一道再普通不过的家常菜了，家庭"煮妇"或者"煮夫"们无法推脱不会做。香菇水发后切掉根部，掰成块；青菜择洗干净焯水改刀，蒜拍碎，姜切，面筋掰成两半，木耳水发后撕成小块。锅里放油，放香菇、蒜、姜、炒出香味，再倒入香菇，翻炒均匀，青菜放锅中一同翻炒匀后调入适量的盐、味精，翻炒片刻即可。

黄精瘦肉汤

妙手浓汤

工具

汤锅

黄精人称不老仙丹，能滋阴补肾、防衰老。黄精瘦肉汤多见于南方，尤其是广东福建一带，因为夏日炎热，人乏懒食，喝上两碗这样滋阴生津、回味甘甜的好汤水，浑身的不适一扫而空，立刻又神采奕奕了。

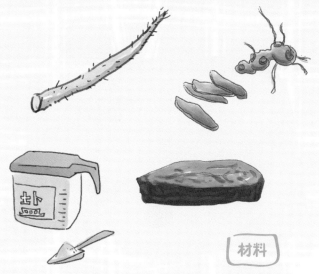

材料

猪瘦肉100克· 黄精20克·
山药100克· 盐少许

148 黯然销魂好羹汤

做法

① 将黄精冲洗干净备用；猪瘦肉用清水浸泡，去除血水，切成片；山药去皮，切成厚片或滚刀块。

② 汤锅中放入适量清水，将猪瘦肉放入，大火煮开后再煮两分钟，撇去锅里的浮沫，放入黄精、山药，再烧开后转小火炖1个半小时后关火，放盐调味。

难度指数几乎为零，体质适合的人时不时给自己炖上一碗的可操作性几乎为百分百。

【 销魂伴侣 】

党参、山药、桂圆、黄芪、红枣

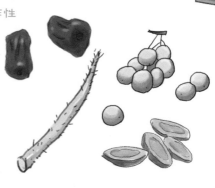

浓香呓语

1. 黄精温补滋腻，这道汤是滋补汤，滋味和作用都很温和，但脾虚、体内有湿邪和痰多咳嗽的人却不能多喝和久喝，或者身体有脾虚湿邪症状时不用黄精。

2. 和其他滋补药草一样，做汤的用量不宜多，如果用鲜黄精，50~100克，制成的中药用15~25克足矣。

黄精瘦肉汤之流变

黄精排骨藕汤

一斤排骨中放15克黄精就差不多了。如果放得太多，黄精夺了其他食材的香味。先将藕洗净去皮，竖着切成条；排骨洗干净，切成藕条粗细的块。将藕和排骨都放入炖盅里，放入黄精、葱姜、盐、米酒和适量清汤调制均匀。将炖盅加盖放入蒸锅中，蒸2小时就做得了。

枸杞排骨藕汤

这个材料与上面的基本上一致，不是炖，是上锅蒸。先将枸杞子与黄精都清洗干净，提前浸泡15到20分钟，连同浸泡的汁水。汆烫过的瘦肉一起放入炖盅中，隔水蒸1个半小时后调味，吃肉喝汤。

猪肝汤

妙手浓汤

"第一次在广西吃猪肝粥是当地的朋友帮我点的，粥端上来前我说服自己——再腥再难喝也得喝。可粥来了，猪肝嫩嫩的没一点异味，米粥白白的，上面撒的小葱碧绿，一碗猪肝粥瞬时间颠覆了猪肝留给我的所有印象。"猪肝粥也好猪肝汤也好，做得好的足以令人吃的时候产生错觉——这真的是猪肝？

材料

新鲜猪肝1块（约100克）．菠菜1把．五花肉1小块．胡椒粉少许．姜丝1小撮．油盐适量

工具

汤锅．炒锅。

做法

① 将猪肝洗净，剔去筋膜，切成薄片，用盐轻轻搓洗，然后用水冲泡，反复几次，再将猪肝放入清水中，水中滴入几滴白醋，浸泡10分钟，然后捞起冲净、沥干。加入少许料酒、盐和淀粉将猪肝搅拌均匀。

② 菠菜择洗干净，锅里烧开水，滴入几滴油，加少许盐，开锅后，将菠菜放入水中，即刻捞起来，沥干水；五花肉切成薄片。

菠菜根部的泥沙较多，一定要把叶子一片片择开，仔细冲洗，多冲几遍。

③ 炒锅里放一点油，油温六成热时放入五花肉，小火煸炒，加入姜丝，调入少许盐，锅里倒入适量清水或者高汤，大火烧开。

④ 煮沸后加入猪肝，迅速拨散，猪肝变色后加入菠菜，猪肝煮熟关火。调入适量盐、胡椒粉，滴入几滴香油，出锅。

【 销魂伴侣 】

枸杞、豆腐、猪血、豆泡、腐竹、面筋、青菜（菠菜、油麦菜、油菜）、胡萝卜

浓香呓语

1. 菠菜要先入水焯过，这样能够去除80%左右的草酸。水中加少许油和盐，这样焯出来的菠菜更翠绿。

2. 猪肝做得好不好吃，首先是材料是否新鲜，粉红或浅褐色，颜色均匀，光洁有弹性、不黏手，无异味，这样的猪肝才是新鲜的，颜色不对或有异味都要警惕。

3. 猪肝一定要事先用水浸泡。最好是用淘米水泡，用盐能够将杂质搓洗干净，加醋浸泡，能够去除猪肝的异味。猪肝处理干净后切薄一点，赶紧加入调味料和淀粉腌渍，可以使猪肝更加嫩滑。

4. 这个汤需要急火快手，稍不注意就会使猪肝煮过了头。另外，青菜在烹煮的时候最好不要加盖，否则青菜容易变黄，口感也不好。

猪肝汤之流变

猪肝粥

做了猪肝汤了，我们再来一个猪肝粥。把大米淘洗干净，加入少许香油拌匀，腌上半小时，这样煮出来的粥更香糯。煮粥的同时来处理猪肝，将猪肝按照上面的步骤处理干净，再切成薄片，烫熟，捞出控干。生姜去皮切细丝，加入少许盐、料酒、香油腌渍一下。等锅里的米都煮开花了，粥逐渐黏稠（应用勺子不停搅动）时将猪肝放入，用勺子搅散。再煮1分钟即可。

3 甜甜蜜蜜

日子有苦有乐,
汤里有甜有咸

银耳莲子羹

妙手浓汤

黏 糯的银耳莲子羹冷的热的都很讨好，春秋乍暖还寒时候，小火慢炖一小锅银耳莲子羹，盛上一碗递给你深爱的妈妈爸爸或他（她），暖心和肺；夏天骄阳似火，炖好的银耳莲子羹放凉了关进冰箱，回到家盛一碗，第一口下肚，凉爽从里到外。幸福是一道常见的美味糖水！

材料

银耳1朵·干莲子1小把（或百合）·冰糖适量

工具

炖锅或不锈钢锅

做法

① 将银耳放入凉水中浸泡2个小时以上，待银耳完全泡发后，冲洗干净，去掉根蒂，将银耳撕成小片；莲子冲净备用（百合冲净，泡开，淘洗几次）。

💜 莲子煮前泡水更不容易煮烂，冲净后直接下锅就好。

② 将洗净的银耳和莲子（或百合）放在锅里，加入适量水，开大火煲煮，边煮边用勺子撇去锅面上的浮沫。

💜 最好不要用铁锅来做糖水，极容易发生氧化。

③ 等浮沫撇净，调成小火，加盖，慢慢炖上两个小时。

④ 加入冰糖，再炖一会儿关火。

💗 冰糖宁少不多，多了齁嗓子，少一点甜得清爽自然。

【 销魂伴侣 】~💗

红枣·枸杞·百合·桂圆·红豆·薏仁·芡实·葡萄干·西米

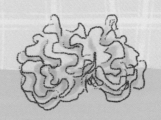

浓香呓语

1. 炖到黏稠需要较长时间，如果不喜欢很黏腻的口感，小火炖到莲子烂了就好。

2. 红枣、枸杞、桂圆干都是可能染红汤汁颜色的材料，如果加这些材料，就不要久煮。

3. 银耳莲子性平，偏寒凉，胃寒的人少喝。

4. 如果用百合，鲜百合最好（很贵啊！），一片片掰开后洗净，等银耳快炖好时加糖，最后放百合，煮到百合透明就关火。

银耳莲子羹之流变

红豆莲子糖水

莲子向来是做糖水的好材料，除了甘润的银耳莲子羹，还可以变出各种花样来。红豆、莲子、冰糖，再加入少许的陈皮或者橘子皮，味道更鲜香。红豆洗干净，陈皮洗净，用温水泡软。莲子用水冲净。砂锅里放入莲子、红豆和水，大火烧开，转中小火，将莲子和红豆都煮开花，加入陈皮与冰糖，炖煮到莲子粉糯、红豆出沙关火。

八宝粥

红豆、芸豆、薏米、花生洗净浸泡，小枣、桂圆肉、葡萄干洗净，大米、糯米洗净，倒入材料总量7、8倍的清水，大火煮开，转小火，煮1个小时，注意搅动以免煳锅，芸豆软烂时加入适量红糖，再煮半小时。

如果用电压力锅来做这道粥，将所有食材都放入压力锅中，调到煮粥档即可。

梨水

妙手浓汤

没有喝过爸爸妈妈给煮的梨汤的同学请举手……有吗？小时候感冒发烧嗓子疼，就有机会喝到清甜梨水。现在外面卖的那种冰糖一出现立马勾起一群人的怀想，赶紧掏银子买了，喝到嘴里，太甜太甜，甜得完全不像家里煮的梨水……梨水的最高境界不是甜，而是梨特殊的清甜滋味，放冰糖只是弥补水冲淡的那种自然的甜美滋味。还是自己做吧。

材料

梨1个，泡发的银耳几片，冰糖少许

工具

炖锅

做法

① 雪梨洗净，切成三角块块，去核。

② 将雪梨、银耳一同放入锅中，加入清水，大火烧开，转小火炖煮半小时，加入适量冰糖，煮到冰糖溶化关火。

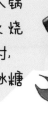

【 销魂伴侣 】~💗

百合、莲子、红豆、赤豆、川贝、枇杷、枸杞

浓香呓语

1. 秋梨、鸭梨、雪花梨都可以做梨汤，秋梨、雪花梨做梨水的人望更高。

2. 梨子皮不用去掉，只要在处理之前加淡盐水浸泡5分钟，冲洗干净，去掉表皮的灰土就行。梨子皮的营养非常丰富，煮熟了口感也不错。

3. 梨水倒出后还可以再煮一次，稍微煮久一点。

冰糖梨汤之流变

冰糖川贝炖雪梨

川贝是一味润肺止咳的传统中药，加上雪梨和冰糖都是滋阴润肺的食材，对阴虚咳嗽的人有益。川贝一般到中药店可以买到，买的时候请店家帮助研磨成粉更方便制作。梨去柄，用勺子挖出梨核，梨放在大碗里，填入一些川贝粉，再放入适量冰糖，放入蒸锅中，隔水蒸上30分钟，端出来吃梨喝汤。

杏干雪梨水

这个糖水味道酸酸甜甜，极其开胃。先将买来的杏干（最好是去核的那种）洗净，沥干水分。雪梨去核，切成块。将杏干和雪梨放入锅中，加入适量清水，大火煮开，转小火再煮20分钟。怕甜的人可以舀起来直接食用，也可以加入适量冰糖调味。

红酒炖雪梨

这是一道典型的法国甜品，爱美的姑娘看过来。在炖锅里倒入300毫升红酒，加入适量冰糖，大火煮开，转中火，这段时间内，将梨子洗净去皮，去掉梨核，切成块，将切好的梨子放入红酒中同煮。梨都染上红色后再炖煮20分钟，中间注意别煳底。

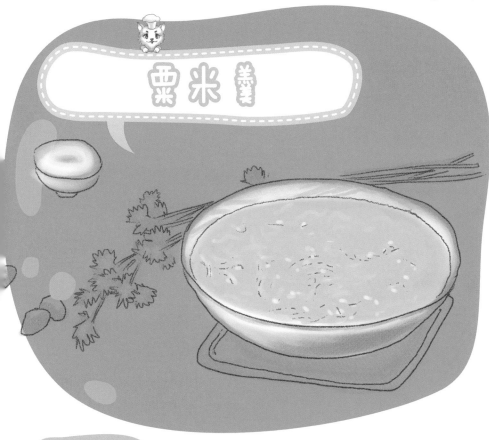

西米羹

妙手浓汤

工具

汤锅或炒锅、料理机

栗米羹原料是甜玉米或罐头装的甜玉米粒。玉米香甜好吃，粟米羹不贵又不胖人，所以在餐馆里很有人缘儿。粟米羹有甜的也有咸的，甜的是本本分分的玉米粒和鸡蛋花，可以加点新鲜去皮儿的荸荠粒，脆脆的甜滋滋的，让人总惦记着。咸的加点鸡肉茸，但总不如甜粟米羹让人惦念。

材料

甜玉米2根·鸡蛋2个·盐·糖·鸡精·淀粉适量

做法

① 玉米洗净，煮熟，剥掉外皮和穗子，掰下玉米粒，加点水倒入料理机里，稍微打几下成碎粒（千万别打成糊糊）。

可以用袋装或罐头的甜玉米。

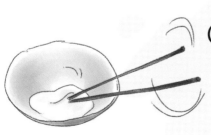

② 淀粉加适量水调匀备用；鸡蛋只取蛋清，用筷子打散。

③ 将碎玉米倒入汤锅中，加少量水，大火煮沸，加入少少的盐和一勺糖调味，稍小火，边搅边慢慢倒入水淀粉，看着汤汁变浓稠就停止倒淀粉，慢慢推匀。

④ 将蛋清细细地倒入锅中，用勺子缓缓推开，锅一直保持微沸，蛋熟即可。

【 销魂伴侣 】~

荸荠·苹果·梨·椰奶·鸡肉·奶油

浓香呓语

做这个栗米羹一定要注意：

1. 玉米一定要用甜玉米，不要用黏（糯）玉米。
2. 用椰子汁代替部分清水，这道羹的味道会更加浓郁。
3. 喜欢咸口的人不放糖，调入适量盐，放入少许鸡肉茸或者口蘑，味道都非常好。
4. 喜欢果味的，可以依据自己的喜好，在出锅前加入少许水果块或者果脯。

栗米羹之流变

翡翠鲜虾·玉米浓汤

这个汤颜色鲜艳、营养丰富、滑嫩爽口，做起来也很方便，是名副其实的营养快汤。

1根丝瓜、1根玉米、几只鲜虾，金针菇、香菇随意，只用盐调味。虾去掉外壳处理干净，丝瓜刮皮，切成滚刀块。金针菇和香菇都剪掉根部，香菇切成小丁。玉米掰下玉米粒。锅里倒入清水，大火烧滚，玉米粒倒入煮3分钟，再将丝瓜、金针菇和香菇依次放进去煮开，加盐调味，最后放入虾，虾变色即可关火。

4 偶尔露峥嵘

不是中国汤，偶尔可以有

面粉

椰汁西米露

妙手浓汤

工具

汤锅

泰 餐的咖喱、香茅草、柠檬、小米辣让你的胃悲喜交加，这时来一份椰汁西米露，肠胃得到温和甜美的抚慰，简直要喜极而泣！西米不是米，只形状像米，煮好后亮晶晶胖乎乎的又弹又Q，和椰汁一起，口感简直是绝配！椰汁西米露是能给人留下深刻印象的餐后甜品。

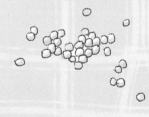

材料

西米、椰汁、牛奶、糖

[做法]

① 锅里放足量清水，大火煮开，西米
分锅，待水再滚时，关火，焖20分
钟，再开火煮开，煮至西米大部分
变得透明，中间只有一个小白点
时，关火，稍焖一下，通体透明时
捞出，过凉水。

💙 煮米时一定要不停地用勺子推搅西米，
以免糊底锅。西米只是过下凉水，不要泡

② 牛奶煮开晾凉，按照椰
汁与牛奶3:1的比例调匀，
加白糖，放入西米。

不用牛奶，用淡奶油奶香
更香浓。做好西米露后放些芒
果片、蓝莓、木瓜球等会更棒

【 销魂伴侣 】~💙

芒果、木瓜、山竹、菠萝、芋
头、西瓜、葡萄、桃、梨、木
瓜、火龙果、苹果、猕猴桃、
橙子、柚子、芋头、玫瑰酱、
蜜豆、黑珍珠

浓香吃语

以上是最基础的椰汁西米露，后面可创意的余地极大，可以放芒果粒、猕猴桃粒、木瓜粒、草莓、山竹等水果，真正的你的西米露你做主！

1. 椰汁西米露常温的不如冰冻的口感好。最好将加入椰汁和水果的西米露放入冰箱里冷藏小时候再食用。

2. 西米放入开水锅中，需要不断搅拌，再次开锅后转中小火，煮的过程中可以多次少量加水，一直到西米完全变透明。煮好的西米需要加入少量凉开水中降温，以免粘连在一起。

椰汁西米露之流变

杨枝甘露

这是有名的粤式甜品，比一般甜品味道丰富，不但有芒果和蜜柚，夹杂着Q弹晶莹的西米，美好的滋味带给人无限的幸福感。把西米放入锅中煮熟，芒果去皮，切成粒，取四分之三的芒果搅成泥。柚子去皮，撕开筋膜，用勺子将果肉碾散。碗里先铺上一层芒果粒，再铺一层西米，倒入一杯椰汁，然后浇上芒果泥、柚子肉碎。无比美好的杨枝甘露就完成了。

罗宋汤

妙手浓汤

"罗宋"是十月革命前后RUSSIA一词的译音。罗宋汤由俄罗斯等国的家常汤红菜汤演变而来，原来汤里主要材料是甜菜，现在可以见到的罗总汤里有牛肉、土豆、圆白菜、番茄、洋葱等不一。罗宋汤酸酸甜甜，很是开胃。它曾经是中国一个时代的"西餐"的代表菜式呢~

罗宋汤本是俄罗斯等国的日常菜，即便改良后，风味也有差别，不必拘泥，酸多甜多之类的全凭自己喜好。

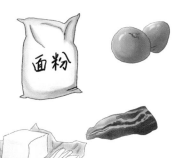

材料

牛腩、牛骨、胡萝卜、洋葱、土豆、番茄、西芹、番茄酱、胡椒粉、姜片、盐、糖、黄油、面粉

工具

炒锅、汤锅

做法

① 牛腩洗净，切成小方块，牛骨敲碎，牛腩和牛骨放入凉水锅中，水没过材料半指即可。大火烧开煮两三分钟焯水，撇去血沫，捞起牛肉，牛骨继续炖煮1小时。胡萝卜、洋葱、西芹、土豆均洗净切丁。番茄切成块，姜切片备用。

② 炒锅烧热，倒油，待油五成热时，放入洋葱和姜片。待炒出香味后，再加入胡萝卜、土豆和芹菜继续煸炒两分钟左右盛起。

③ 锅里倒油，加牛肉煸炒2分钟，再放入番茄块和番茄酱煸炒两三分钟，加牛骨汤，没过食材，大火煮开后小火继续煮。

④ 另取炒锅开火，放入一块黄油，熔化后以1:1的比例放入面粉，小火慢慢翻炒，炒至面粉转黄、像细沙一样，香味散出时关火。

💗 小心别煳锅。西餐中有一种重要的调味品——沙司，相当于中餐中的味汁，黄炒炒面粉就是一种沙司的基础，起到的作用相当于勾芡和增加香味。做一次汤30克左右的黄油炒30克左右面粉就差不多了。

⑤ 牛腩熟时，再加入各种蔬菜丁，加盐、胡椒粉调味，大火烧开，盖上锅盖，转小火慢煮半小时，起锅前调入炒好的黄油面粉搅匀，看汤汁稍浓时关火即成。

黯然销魂好**羹汤**

【 销魂伴侣 】

甜菜、牛尾、生菜、红
薯、豆角

浓香呓语

1. 这道罗宋汤里，最重要的是酸甜口味，番茄酱必不可少。

2. 最正宗的罗宋汤是用甜菜当主料，熬出香甜的汤汁，不过，甜菜根不好找，可以用少许红糖和柠檬汁来调配。等到汤盛起来之后，加入点儿百里香或者薄荷等香叶，别有风味。

罗宋汤之流变

牛肉杂菜火锅

火锅不一定只是涮，可以炒、炖煮出来，比如牛肉杂菜火锅。牛肉洗净、切块、焯水。按照自己的喜好准备好各种配菜，如蘑菇、土豆、胡萝卜、莴笋等。热锅凉油，下入黄油融化，将沥干水的牛肉块放入锅中煸炒，加入姜片，倒一点酒，烹出香味，用中火将牛肉炒至半熟，倒入火锅中，加热水，放一些胡萝卜块与牛肉一起大火炖煮，20来分钟后，就可以动筷子了。可以一边吃牛肉，一边加入各色菜蔬烫了吃。

南瓜浓汤

妙手浓汤

工具

食物料理机、汤锅、蒸锅

"红米饭那个南瓜汤哟咳罗咳，挖野菜那个也当粮罗咳罗咳……"每当提起南瓜汤，我脑海中便不由回荡起这个熟悉的旋律。南瓜汤和高粱饭一样，是以前穷苦人吃的东西，是主粮的替代品，现在物质富足了，南瓜是健康食物，坊间把南瓜、玉米、白薯等蒸熟了卖得老贵。做人如果能做到南瓜的境地才算高级吧~南瓜确是好东西。这个南瓜浓汤是改良过的汤，喝起来甜润柔滑，暖胃、舒坦。

材料

南瓜1块、鲜奶、淡奶油适量、黄油少许、盐糖适量

做法

① 将南瓜洗净，挖掉内瓤和南瓜籽，削去皮，切成片，蒸锅坐水，大火烧开，将南瓜片放入盘里，上锅蒸到南瓜熟烂。

② 将南瓜片用勺子压碎，加点水调成糊，或者等晾凉之后加一点水用料理机打成酱。

③ 将南瓜泥倒入汤锅里，慢慢酌量倒入鲜奶，小火慢慢煮，一边煮，一边用勺子搅拌均匀。同时依照个人的口味，加入少许盐和糖。

💕 奶慢慢加入，南瓜泥和奶调成你想要的浓度就收手。加糖前一定要先尝尝~

④ 待南瓜泥汤烧开之后，倒入淡奶油和黄油，关火，继续搅动，直至淡奶油、黄油与南瓜糊融为一体。

💕 也可以把淡奶油放在最后盛在碗里后浇在南瓜汤上做装饰

【 销魂伴侣 】

烤面包、肉桂粉、胡萝卜、土豆泥、培根、西芹碎、西米

浓香呓语

1. 虽然这是一道甜汤，但是依旧要在汤里加入少许盐。加盐后能够更加突出南瓜汤的甜味。

2. 加入淡奶油和黄油，南瓜汤更香浓幼滑，口感与不加完全不同。

南瓜浓汤之流变

豆浆机版南瓜浓汤

用豆浆机来做这道南瓜浓汤方便多了，不过加入一点大米更好些。先将半量杯大米洗净，南瓜去皮去瓤洗净，切成小块，将南瓜、大米放入豆浆机，按提示量加水，启动"营养米糊"这一档，等蜂鸣声提示，这道香浓的南瓜汤就做好了。将汤倒入碗中，可以加点熟玉米粒或新鲜百合，觉得不够甜放点糖，边吃边搅拌，百合被热糊糊烫成半透明，那感觉和味道，美极了。

奶油蘑菇汤

妙手浓汤

第一次听说奶油蘑菇汤时，还以为跟小时候吃的蘑菇烧汤一个样呢。等看到这糊糊状的浓汤，才明白这汤与我们日常所谓清汤大有不同。"奶油蘑菇汤不温不火，又柔又滑，香甜的口感顺着食道滑下去，让人觉得处处熨帖。虽然不是我们自小熟悉的口感和味道，但照样欲罢不能。

面粉

材料

口蘑10朵·小头紫洋葱1个·鸡汤（约750毫升）·淡奶油·火腿1片·面粉·黄油·盐与胡椒粉适量

工具

炒锅·食物调理机

做法

① 将口蘑和香菇洗净切成薄片，洋葱切成小粒，火腿切成碎末。

② 炒锅放入黄油烧热，加入洋葱粒和火腿煸炒一下，再加入蘑菇片，煸炒至蘑菇片变软出香味，加入鸡汤，烧开，之后全部倒入食物调理机打碎。

③ 锅上火，开小火，放入黄油，熔化烧热后再倒入面粉（分量大致1:1就好，各50克左右），不停翻炒，等面粉变黄发出香味时，分次加入搅打过的蘑菇汤。

💗 炒面要小火，变色就要小心了，别炒糊了；加入汤时先加入一汤勺汤，慢慢搅拌，搅匀了再加其他的汤，一次加进来搅拌不及时容易有小疙瘩。

④ 蘑菇汤烧开后调入些淡奶油，加点盐、胡椒粉调味。

💗 如果有那种由海盐、红椒碎、胡椒和其他香草混合的调味料更好。

【销魂伴侣】~♡

胡萝卜、豌豆、土豆、玉米、南瓜、百里香、迷迭香、罗勒等

浓香呓语

1. 炒锅要如果能用锅底厚的不锈钢锅，形式和内容就更统一了

2. 蘑菇一定要选白白胖胖的新鲜白口蘑，蘑菇伞下颜色越浅越好，要不不好看也不好吃。

奶油蘑菇汤之流变

蘑菇火腿焗饭

勤俭节约，家里的剩饭可以拿来做一道美味了。准备半个洋葱、半根胡萝卜、一小块火腿和几朵新鲜的蘑菇。将洋葱、胡萝卜、蘑菇洗净，和火腿一起切成粒。坐锅，开小火，锅里放黄油化开，转中火，倒入洋葱粒、胡萝卜粒煸炒出香味，再放入火腿和蘑菇煸炒两分钟，加盐调味。烤盘里抹上一层油，将剩饭压实，平铺在烤盘里，米饭上铺上煸炒过的食材，再在上面铺上芝士，放入烤箱用180度烤15分钟。

大酱汤

妙手浓汤

工具

石锅或炒锅

大酱汤是韩国料理中最常见的一款，以韩国大酱为主要调料，加入豆腐、海带、西葫芦、牛肉、花蛤等，煮成的一锅酱香的汤，韩餐馆子里大多是配一碗白莹莹的米饭，吃下去肚子一直都是暖暖的，很舒服。韩国大酱是用黄豆发酵制成，是韩国人日常饮食当家食物之一，风味与我们的酱不同。

材料

澄清的淘米水、韩式大酱和韩式甜辣酱（各1到2勺）、熟牛肉和土豆各几块（1.5厘米见方的块）、口蘑3个、豆腐半块、西葫芦几片、净蛤蜊几个、尖椒1个、洋葱几丝

做法

① 尖椒洗净、去蒂，斜切成圈；豆腐改刀成和牛肉、土豆差不多大的方块；口蘑切厚片。

② 石锅或炒锅上火，放入淘米水，大酱和辣酱酌量放入，烧开，放入牛肉、土豆、口蘑、豆腐、洋葱丝，煮到土豆熟烂，放入西葫芦、蛤蜊、尖椒，稍滚即可关火。

♥ 两种酱都有滋味，一般不用放盐。关火后可以加点牛肉粉或鸡精。

【销魂伴侣】 ~♥

海带结、南瓜、五花肉、虾、鱿鱼等

浓香呓语

1. 大酱汤里的蔬菜没有一定之规，自己喜好什么便放什么。

2. 用淘米水能让大酱汤更浓郁。第一遍的淘米水里头含有一些杂质，不能用，但是第二遍的淘米水就干净多了。将第二遍的淘米水澄清，用来做汤底。

3. 所有的菜蔬要按照易熟程度，前后依次放入。蛤蜊讲究鲜嫩，放入热汤中很快就张口了，所以最后下锅。

大酱汤之流变

泡菜汤

辣白菜改刀，放入石锅中，加入足量清水，大火煮开，开锅后，放入切成薄片的五花肉，继续煮个十来分钟。等到肉片熟了，放入嫩豆腐、豆芽、西葫芦等，继续煮上三四分钟就行了。如果觉得味道不够，可以酌情加入你喜欢的调料调味，大酱、辣酱或盐不拘。

味噌汤

妙手浓汤

工具

汤锅

味噌，也称面豉酱，主料依旧是黄豆，不过加了盐，用不同的方法发酵而成。味噌是日本人最为喜欢的调味料，他们将味噌的作用发挥到极致，不仅能够做汤，还能烹煮各类菜肴，也可以拿来做火锅的汤底。据说村上春树写到苦闷失意的少年想去轻生，在海边喝了一碗味噌汤，顿时觉得人生变得美好起来。他沿着海边缓缓向前，最终走出了别样天地。这味噌汤中有着很多别样的情愫。

材料

裙带菜几片、柴鱼粉1勺、豆腐1/2块、香葱1根、味噌2勺、糖少许

做法

① 将新鲜裙带菜冲洗干净，入清水浸泡10分钟，再冲洗几遍，沥干水分；香葱洗净，切成末；豆腐切小方块（1厘米见方）。

② 将锅洗净，再倒入适量清水烧开，放入部分味噌和全部的豆腐、裙带菜，转小火再煮2分钟，关火。

③ 从汤锅里取2勺水，将剩余的味噌溶解调匀，加入到汤中，搅拌均匀。撒入柴鱼粉和葱花。

💙 味噌不耐久煮，煮汤时通常最后再加入味噌，略煮一下关火。如果用味噌炖煮食物，先用2/3的味噌煮食材，起锅前再加入其余的味噌提香。

【 销魂伴侣 】~

海带、柴鱼、胡萝卜、白萝
卜、鲷鱼、豆泡、腐竹、面
筋、土豆、南瓜、豌豆苗

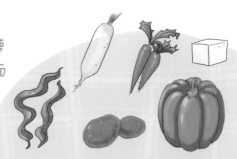

浓香呓语

1. 味噌是用黄豆发酵制成的调味酱，用味噌泡饭、做汤
一般不用加其他调料。

2. 味噌在日本主要分为三大类：米味噌、麦味噌、豆味
噌。因地区不同，大豆和米、麦比例及颜色的不同，构
成了富有地方特色、种类繁多的味道。每种味噌又有各
自的特色。一些日本牌子的味噌含有鱼高汤。

3. 可以用鱼骨头煮汤，类似鸡汤的作用，用柴鱼粉或小
鱼干煮汤同理。裙带菜（或海带）基本是味噌汤的绝
配，不可缺少。

味噌汤之流变

虾仁豆腐汤

味噌汤，不论里面放了什么菜肴，其味道都没有多大变化，因为味噌压倒一切。不过，正宗的味噌汤里必须要有嫩豆腐。再来一个虾仁豆腐味噌汤。热锅凉油，放入胡萝卜丁翻炒均匀，加入一碗水，水滚后，放入一把豌豆，加入一盒切成片的南豆腐。再次开锅时，加入虾仁，开锅后放匀味噌，撒上葱花关火。

牛尾汤

妙手浓汤

工具

汤锅、砂锅

有一本小说，小说中的女主角开了一个小小的私家菜馆，并不是为挣钱，而是为着打发寂寞时光，看各色食客。有一天，一个憔悴的女人走进餐馆，就点了一个牛尾汤，吃着吃着泪流满面。接着，那个女人却走近女主角，说想跟她学这道牛尾汤。女主角起先不想教，但憔悴女说，她的丈夫每日来这里喝一锅牛尾汤，却不肯回家陪她多待一个小时。呵呵，看上去有点狗血，不过，牛尾汤的魅力的确就这么大。

牛尾汤颜色奶白，需要自己加盐和胡椒。里面有少量白果、枣、参还有大概四块牛尾，配有蘸肉的小料，炖的很软烂，黏黏的

材料

牛尾5块、牛骨、白果几粒、红枣几个、黄酒、生姜、胡椒粉、盐适量、葱花、蘸料

做法

① 生姜去皮切片；白果去壳；牛骨洗净，敲开；将牛尾洗净，放入清水中浸泡，半小时换一次水，泡2、3小时之后与牛骨放入沸水中烫煮2分钟，捞出后用热水冲洗干净备用。

💜 烫煮牛尾的水中要放姜片和黄酒。牛骨头用砂锅炖（不用高压锅）是汤色乳白的秘密。

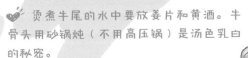

② 砂锅里放入清水，大火烧开，加入姜片，倒入少许黄酒，将牛尾、牛骨放进去，盖上锅盖，再开锅后火稍小，盖上盖子，继续炖煮3、4个小时。

💜 炖牛尾很费火，可以先用高压锅炖个把小时，再放在砂锅里滚。

③ 关火前半小时放入白果和红枣，关火
候静待砂锅的热力消退，把牛尾和汤
盛入碗中，撒盐和白胡椒粉和葱花，
牛尾肉蘸蘸料吃。

💗 蘸料按自己口味调，通常用芝麻、葱花、
白醋、烫、酱油调成。牛尾晾一晾再吃，否则
骨头部分会很烫。

【 销魂伴侣 】

栗子·莲藕·高丽参·萝
卜·海带·山药·粉条等

浓香呓语

1. 牛尾汤非常讲究火候，所谓"心急吃不了热豆腐"，心急也绝对喝不到好的牛尾汤。牛尾汤从下锅到出锅，起码得四五个小时，这期间要注意看火，千万不要让汤溢出来。

2. 汤色奶白需要加牛肉，炖煮时汤汁始终处于滚开状态，脂肪乳化，汤汁乳白。

牛尾汤之流变

牛骨头汤

这个汤采取先烤后炖，汤品更加香浓。牛骨头买的时候请人砍成几段，洗净，入锅中焯水。将洋葱、胡萝卜洗净去皮切块，西芹切段，铺在烤盘中，将牛骨头放在上面。事先预热烤箱，将烤盘放入，250度烤5分钟，至牛骨略呈焦黄。砂锅里加入清水煮沸，将烤箱里拿出来的材料都倒入砂锅中，待锅再次沸腾时，转小火熬煮6个小时左右，滤掉所有渣滓，只留浓汤，加入少许百里香或者迷迭香即可。